SHODENSHA
SHINSHO

サイバー・インテリジェンス

伊東 寛

JN265112

祥伝社新書

まえがき

二〇一五年六月、日本年金機構からの情報流出事件が報道された。その頃から、なにかの流れが変わったように感じている。

それまでは、サイバー犯罪の被害を受けた会社は、そのことが発表されると会社の信用に係《かか》わるのでマスコミへの公表は避ける傾向があった。ところが、本事件以来、サイバー犯罪に関する被害が毎日のように報道されるようになった。

また、最近の報道には一つの特徴があるように感じる。流出した情報が人事関連のものが多いということだ。これまでは、どちらかと言えば、技術情報がらみの事件が多かった。米国では、さらに大きな人事情報のサイバー盗難も報道されている。

ところで、インテリジェンスの結果は、通常、表《おもて》に出ない。出るとしてもそれは信じやすいような嘘が多い。だから、何かの情報がリークされた場合は、その裏に何らかの意図があると見るべきだ。このような観点で、最近のサイバー犯罪関連報道の増加をみてみると、その裏には、何らかの意味があるはずだと思うわけである。

以前から、サイバー攻撃による情報の搾取《さくしゅ》はあったが、このところ報道で目立つようになったのは、「敵」の目標が変わったからか、「敵」のやり口が変化したからか、我々の対応自体が改善されてきたからか、それぞれにそれなりの説明はできる。

が、私としては、日本のトップの意識が変わりつつある兆候だと考えたい。やっと政府の偉い人たちも、ことの重大性に気づき、法整備など然《しか》るべき対策を打つにあたり、まずは世論を味方につけておこうと思い始めたのではないか。そのために、サイバー犯罪に関する情報がマスコミに提供される事例が増えたとも考えられる。

そして、この裏には、さらに世界をまたぐ諜報《ちょうほう》活動の一端があるのかもしれない。米中がサイバーインテリジェンスのさや当てをしているのは周知の事実だが、我が国もそれに参戦したということかもしれない。

宮本武蔵《みやもとむさし》は、生涯、戦って負けたことは一度もなかった（ある意味、あたりまえではある。果たし合いに負けると死んでしまうからだ）。彼は、晩年にその秘密を明かしたが、それは「勝てないかもしれない相手とは勝負しなかった」からだという。

彼は卑怯《ひきょう》だったのだろうか？　いや、武蔵は、戦う前に彼我《ひが》の力量や時と場所、その他の条件をよくよく勘案して、勝つべくして勝ったのだ。これこそが兵法であり、その手法こそインテリジェンスの真髄《しんずい》であったのだと思う。

日本は、前の戦争で勝ち目のない無謀な戦争をしたと、我々の先輩方をしたり顔で非難する人が多い。そうかもしれない。私自身は、あの戦争は仕掛けられた、やむを得ないものであったし、歴史の流れの中ではまた評価される日が来るだろうと思ってはいる。だが結果として、大勢の方の命が失われ、その後の日本にも影響、どちらかと言えば、悪い影響を残したことは、残念ながらある。

しかし、なぜ、勝ち目のない戦争をしてしまったのか。インテリジェンスの欠如というのは、よく指摘されることだ。

であるならば、今一度、「勝てない勝負はしない」という宮本武蔵の兵法に考えをいたすべきだろう。そして、今日の我々の場合でも、同じような場面がたくさんある。そこでは、決心するにあたり、事前に良く考えることが重要なのだ。勝ち目はどこにあるのか？　と。

そして、そのための基礎が、インテリジェンスだ。

インテリジェンスの日本語訳は、「知性」でもある。インターネットの時代、知識は簡単に手にはいる。しかし、今後、重要なのは、知識ではなく知恵なのである。それは知性そのものである。

本書では、サイバー技術の発達とともにインテリジェンスがどう変わってきたか、現在、どのように使われているのか、その一端を述べ、インテリジェンスに関する読者の知的な好奇心を満足させるとともに、さらに勉強しようというような、なんらかの刺激を与えられれば幸いであると思っている。

なお、当然だが、本書に書かれていることに、私が自衛隊在職時代に得た秘密等はまったく含まれていない。だから、そのようなことを期待されても困る。万一、本書に書かれたことの中に秘密に相当することがあったとすれば、それは単なる偶然の一致か、あるいは、たまたま私の個人的な分析が正鵠《せいこく》を射ていたというだけである。

二〇一五年八月

伊東《いとう》　寛《ひろし》

目次

第2章　変貌する国家間のインテリジェンス

第3章　個人の情報はすべて見られている

第４章　インテリジェンスは、どう進化してきたか
――技術と思想の歴史

第5章　日本のサイバー・インテリジェンス

序章　サイバー・インテリジェンスの時代

インテリジェンスとは何か

インテリジェンスとは、現在の日本語に適切な訳がないが、昔は諜報《ちょうほう》活動という言葉が使われていた。いわゆるスパイ活動である。これは、人類が社会を作るとともに始まった。群れをなす動物である人間が勢力争いをするとなると、対抗するグループの動向を知っている側が圧倒的に有利である。農耕が始まって文明が興《おこ》ると、インテリジェンスの巧拙《こうせつ》が、集団の盛衰に決定的な役割を果たすようになった。

スパイに関する話として、有名なのは、みなさんもよくご存じの『孫子《そんし》』である。紀元前五〇〇年ごろ、中国の春秋《しゅんじゅう》時代に成立したといわれる兵法書だ。この書物の後半に諜報の話があって、君主や将軍は、敵情を知るために五種類のスパイを使いこなすべきだと説いている。

すなわち、敵国の人間を寝返らせて使う「郷間《きょうかん》」、敵国の役人を賄賂《わいろ》で籠絡《ろうらく》する「内間《ないかん》」、敵国の間者を二重スパイとして使う「反間《はんかん》」、敵国に潜入して情報をつかんで帰ってくる「生間《せいかん》」、偽情報を敵国に流し、味方のスパイにも信じ込ませて敵を欺《あざむ》く「死間《しかん》」である。「死間」はその名が示すとおりスパイの生還は望めないが、一命を犠牲にして敵国をだますという運用法だった。

国力を疲弊させてしまう戦争をまず起こさないようにする。万一、戦争が起こっても、戦いを有利に進めて早く終わらせるために、とにかく情報を重視しなくてはいけない――。

二五〇〇年も前の『孫子』に記されている要点である。つまり、インテリジェンスとは『孫子』の時代にはすでに体系化されていたくらい、人類にとって普遍的なことだった。長い歴史を経て、近代そして現代にいたっても、これはまったく変わらない。

インテリジェンスの定義を現代的にいえば、「政策決定者が、国家の安全保障に関する政策判断をするために提供される情報収集・分析活動」ということになる。

国家であれ企業であれ、意思決定する際には客観的な情勢分析や評価が必須となる。企業なら新しく商品を開発しようというときに、市場やライバル企業の動き、収益予測など徹底的に調査、分析したうえで判断しているはずだ。今どき、重要な経営判断を占い師に委《ゆだ》ねることは、まずない（そういう経営者がいると聞いたことはあるが、少なくとも表向きの理由にはならない）。

国家の安全保障とインテリジェンスも、基本的に同じ構図である。安全保障とは軍事や戦争に限らない。現代では国民の安全、生命・財産を守るためには、外交、経済、環境、エネルギーなど、国として関与すべき要件が多岐にわたっている。こうしたさまざまな政策決定を支援することが、インテリジェンスである。

すなわち関係する各国の経済統計、権力基盤、民意、同盟国との力関係、今後の可能性といった情報など、事実の徹底した集積があって、これを冷静に分析すること――そこから方針が生まれ、政策が判断される。したがって、データを集めただけで分析や評価のない単なる「情報資料」は「インテリジェンス」とは区別されなくてはいけない。

インテリジェンスが尊重される国、イギリス

近代で、インテリジェンスに非常に長《た》けた国がイギリスだ。彼らが覇権国家となったのは、一般には海軍の力だと説明されるのだが、海軍力の行使を可能にしたのは、

彼らの活発な諜報活動であり、情報能力の高さだった。

イギリスの諜報機関で有名なのは「MI6」だ。ご存じ007、ジェームズ・ボンドの所属する組織だが実在し、現在は秘密情報部（SIS）となっている。

日本ではスパイというとあまり評価されないのだが、イギリスでは「スパイは貴族のたしなみ」と言い習わされてきた。スパイは名誉《めいよ》な仕事とされているのである。ノブレス・オブリージュ（高貴な身分に伴う義務）という言葉をご存じかもしれないが、爵位《しゃくい》を持っているような身分の者は、あくせく働かなくてもすむ代わりに、一般人よりも高い義務が課せられているので、戦争ともなれば率先して前線に立つ。

平時においても、営利を目的に働くわけではなく、国家や社会のために働く。だから官僚や軍人など公的な仕事に就《つ》くわけだが、地位や名誉のある彼らにとって、スパイ活動もその一つであり、名誉な仕事とされたのだ。

十九世紀、ビクトリア朝の大英帝国は、植民地をめぐる紛争が頻発したものの、その一方で空前の繁栄を遂げている。外交政策や情報戦略の要《かなめ》として、彼らスパイの活躍があったことを指摘しておかなくてはならない。

イギリスのインテリジェンスの能力は、二十世紀初頭においても、きわめて高かった。

後の章で詳しく述べるが、日露戦争（一九〇四年〜一九〇五年）のとき、日本は、日英同盟に基づき、イギリスから情報を提供されていた。典型的なのは、ロシアのバルト海から大西洋、インド洋を経て回航されてくる、バルチック艦隊の位置だった。

日本海の制海権があってこそ、日本は大陸でロシアに対峙《たいじ》することができる。バルチック艦隊が日本海に侵入し、ロシア艦が遊弋《ゆうよく》するとなると、大陸への補給線が断たれることになるから日本の敗戦は確定的になる。だから日本海軍は一艦も残さずロシア艦を撃滅するという、きわめて困難な任務が課せられたわけだ。

どこにいるのか、いつやってくるのかわからないのでは備えようがない。しかも日本の連合艦隊は、旅順《りよじゆん》を基地とするロシア艦隊を封じ込めていた。二正面作戦は取れないから、バルチック艦隊がやってくるまでに、こちらの決着をつけなくてはならない。

ところが当時、地球を半周してくる艦隊が今、どこにいるのか知るのは容易ではない。偵察衛星もレーダーもない。ライト兄弟の飛行機が、ようやく飛んだ時代である。

では、どうやって知ったのか。石炭や水、食料などの補給のため、アフリカやインド各地に寄港する艦隊の情報は、イギリスの諜報員によって逐一《ちくいち》報告されていた。これが日本政府に伝えられたのである。艦種や数、今どこにいて、いつ出航したかなど、日本の外務省や陸海軍では知りようのない情報だった。

バルチック艦隊がやってくる前に旅順艦隊を撃滅するため、港を見下ろす二〇三高地をめぐって、激烈な戦いが繰り広げられたことはよくご存じかと思う。すなわち、情報に基づいて計画され、実施された戦いであったことは言うまでもない。

同盟国のイギリスは、彼らの持つ情報網を日本に提供してくれた。日露戦争は、情報の重要性とともに、イギリスのインテリジェンスの力量が垣間《かいま》見えた戦争だった。

技術によって変化した情報収集の方法

間者、スパイ、諜報員など呼び方はさまざまだが、こういった人員を非合法に入国、潜入させることだけが情報を得る方法ではない。後に述べるように、スパイ行為で得た情報というのは、案外扱いが難しいからだ。

バルチック艦隊の情報をつかんだのは、世界各地に張り巡らされたイギリスの情報網だったが、具体的には外交官や駐在武官、新聞社の通信員など合法的に入国した人々だ。彼らがつかんだ情報が圧倒的に多かった。

合法であれ非合法であれ、現地に入った人々が直接見聞するケースもあれば、現地の協力者からの聞き取りもある。加えて現地メディアから必要な情報を選別することも重要になる。新聞やテレビ・ラジオ、各種の統計、調査資料といった公刊情報を、熟練した人間が分析することで、かなりの部分を知ることができるからだ。

こうした現地での諜報活動から公刊情報の分析まで、人的な諜報活動をヒューミント（HUMINT = human intelligence）と呼び、孫子の時代から現代まで、インテリジェンスの重要な手段として営々と続けられてきた。

その一方、通信技術の発達とともに、情報を得る方法も多岐にわたるようになる。十九世紀半ばから有線方式の電信が発達すると、ほどなく海底ケーブルによって大陸間がつながれ、十九世紀末までには世界的な通信網ができあがった。

いち早く海底ケーブルの重要性に気づいたのがイギリスである。大西洋には南北アメリカ大陸やアフリカに向けて、地中海やインド洋を経てインドや香港、そして日本まで何本ものルートでケーブルが敷設《ふせつ》された。日英同盟に基づくロシア艦隊の情報も、このケーブルで日本にもたらされたのである。

情報が電線によって伝達されるとなると、同時に電線を流れる信号から情報を読み取る諜報活動、シギント（SIGINT = signals intelligence）が始まった。当然、諜報活動で得た情報は、暗号によって送られたから、暗号化する技術も、解読する技術も急速に発達していく。

有線通信はやがて電波を利用する無線通信になった。当初、無線通信においては、遠距離通信ができる短波《たんぱ》が中心であったが、無線通信は有線通信より傍受が簡単だし、電波の発信源を測定することもできる。こうして通信傍受によるシギントの重要度はますます高まっていった。

「象の檻《おり》（Elephant Cage）」と呼ばれる直径約四四〇メートル、高さ約四〇メートル

米軍三沢基地の「象の檻」（写真提供：共同通信社）

の巨大なアンテナ群が、米軍三沢《みさわ》基地から撤去されたというニュースがあったが、これは旧ソ連や中国などの短波通信を傍受するための施設だった。

撤去されたのは遠距離通信の主流が短波通信から衛星通信に変わってきたためである。現在では、衛星通信を傍受するためのアンテナが三沢にも多数設置されている。外観は白いドーム状なので「ゴルフボール」と呼ばれているが、ドームの中にはパラボラアンテナが入っている。こうした技術革新の歴史などは第4章で詳しく述べよう。

ここではまず、通信技術の発達に伴い、情報を得る方法も変化していっていることをご理解いただきたい。

サイバー・インテリジェンスの発展

技術は加速度的に進歩する。またたく間に通信のデジタル化が進み、今やインターネットが生活に欠かせない基本的なインフラの一つとなった。ウインドウズ95が発売されて、パソコンが一般の家庭に入り始めたのは一九九五年、今の若者が生まれたころだ。スマホなどもちろんない。少し上の世代の方は、携帯電話は通話できるだけのアナログ式で、弁当箱サイズだったのを覚えているだろう。

その頃、インターネットはすでに存在していたけれども、一般人によるメールのやりとりはもっぱらパソコン通信であったし、それも〝マニア〟〝おたく〟の趣味と思われていた。

それが今、パソコンのないオフィスは想像できないし、スマホであれガラケーであれ、インターネットに接続可能な携帯電話を持っていないのは、幼児か高齢者と言っても過言ではあるまい。われわれが今、スマホやパソコンに向かってしていることを、二〇年ほど前はどうやっていたか考えてみると、その変化に驚くだろう。

誰もが日常的にメールやSNSでやりとりするし、ネット上で買い物をしている。美味《おい》しい店の情報も待ち合わせ場所の地図もネット上で確認できる。

たとえば出張のために新幹線の切符をとり、車中で書類に目を通す。訪問先へのアクセスを再確認する。資料に抜けている部分があったらどうするだろう？　うっかり先方の地図を忘れてきたら？　ともあれ仕事は無事に終えたとして、出張報告書を書くために会社に戻らなくては……そんな各場面は、すっかり様変わりしている。個人から国家のレベルまで、インターネットのなかった時代には戻れない。

さらに、あらゆるモノをインターネットで接続するＩｏＴ（Internet of Things）と呼ばれる技術が爆発的に広がろうとしている。たとえば万歩計や血圧計がリストバンドや腕時計に内蔵されていて、これがネットで自宅のパソコンに常時つながっていれば、健康管理に役立つし、これらのデータを活用する新しいサービスの登場も期待できる。多数の使用者のデータが集積したビッグデータになると、保健医学の面でも役に立つことだろう。

自動車の位置、速度などのデータを集めて分析すれば、渋滞解消や事故防止に使えるし、各家庭にスマートメーターが行き渡れば、もっと効率的なエネルギー需給が可能になる。つまり、現在でもネット上にはビジネスからプライベートまで膨大な情報が流れているが、今後、これらは爆発的に増加していくのだ。

パソコンやネットワークを介した情報は、諜報活動の対象となりうる。インターネット技術を活用したこのような活動は、「サイバー・インテリジェンス」と呼ばれ、現代のインテリジェンスの大きな柱になってきている。

「空間」ではなく、「電線」の中にある世界

「サイバー」とは、コンピュータやネットワークに関わるものごとの総称だ。ほんの一端ながら先述したとおり、サイバー技術によってわれわれの世界は激変している。

こうしたサイバー情報がどこにあるのかといえば、物理レイヤー＝装置・設備レベルだと、サーバーなどの記憶装置の中であり、通信ケーブルの中だ。「サイバー空間」という呼ばれ方をするが、「空間」とはあくまでも仮想のもので、情報のやりとりは

接続されているケーブルを使って行なわれている。それは海底ケーブルが電線から光ファイバーになり大容量化しても変わらない。

映画などでサイバー空間というと、何やら黒い無限の空間があって、その中に0と1が飛び交っているイメージがあるけれども、あれは映像上の演出、有り体《あてい》に言えばウソである。その無限の空間に入り込んで情報を解析する、なんてことはない。

だからサイバー上で諜報活動をするなら、物理的なネットワークが国際間でどうつながっているか、データの集まってくる結節点のような要所がどこにあるのかが問題になってくる。実は27ページの図に示すように、海底ケーブルなどネットワークの基幹設備がアメリカに集中しているのである。そのため、インターネットを流れるデータの八割以上がアメリカを経由するという。

このことが第3章で詳しく述べるスノーデン事件につながってくる。ご承知のとおり、スノーデン事件では、米国家安全保障局（NSA＝National Security Agency）がネット監視によって、国内外の膨大な機密情報を入手していたことが暴露《ばくろ》された。

事件の概要や、そこから垣間見えるサイバー・インテリジェンスの現実、安全保障

国際間のインターネット通信量

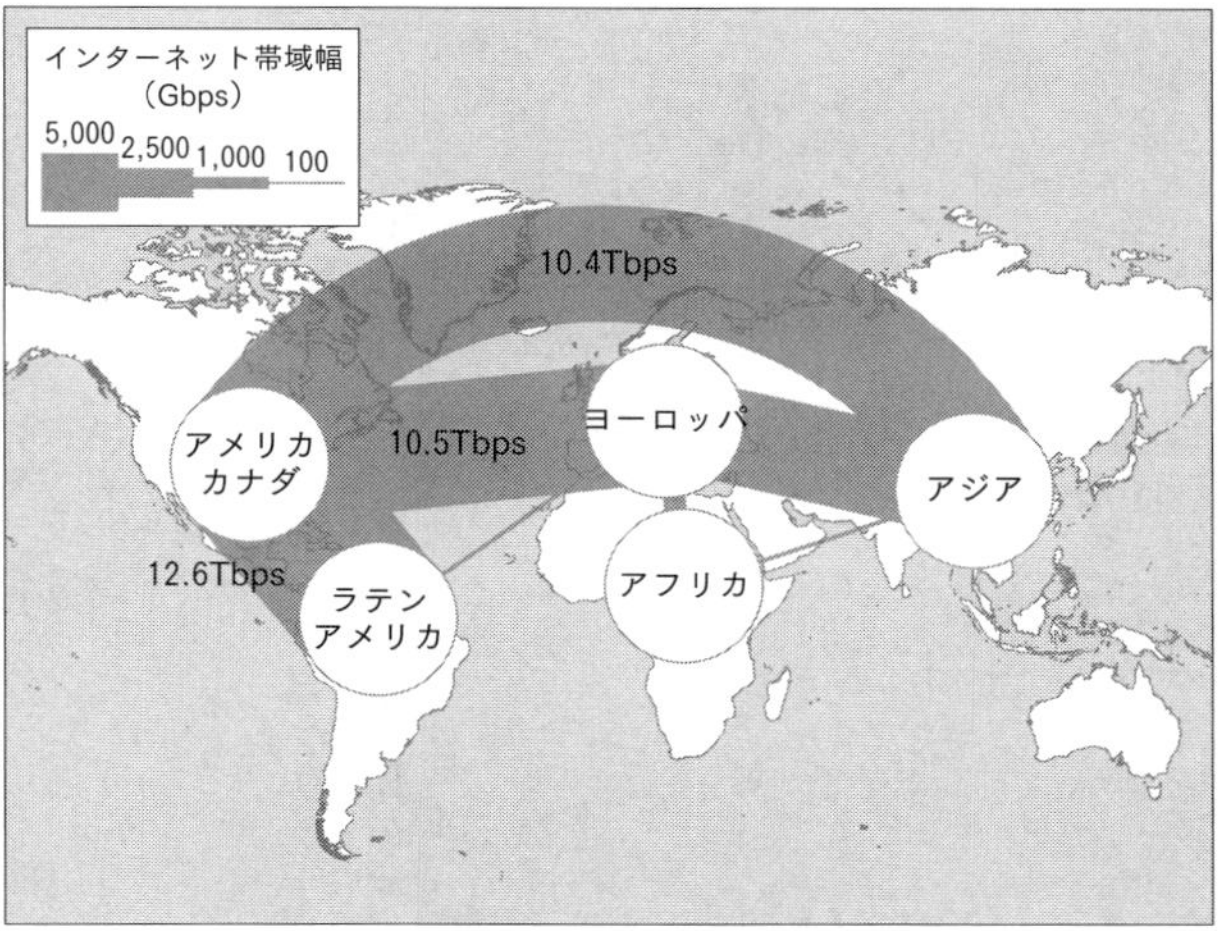

TeleGeography's Global Internet Geography researchより作成

2014年における国際間のインターネット帯域幅を表わしたもの。海底ケーブルなどインターネット通信設備はアメリカに集中しており、8割方の通信がアメリカを経由する。

上の意味合いなどは第3章で詳述するが、国家による情報収集は「その気になればなんでもできる」ことが明らかになったのだった。

一般の世界に輪をかけて、インテリジェンスはサイバー技術による変化が著《いちじる》しい。サイバー・インテリジェンスはシギントの発展形と言えるが、過去、数千年にわたって粛々《しゆくしゆく》と続けられてきた諜報活動が今、別次元と言えるほどの大変化を遂げつつある。

誰が犯人なのかわからない

世界各国が重視し、力を注いでいるサイバー・インテリジェンスだが、本質的に大宣伝するような性質のものではないので目立たないだけなのである。

では、なぜ今サイバー・インテリジェンスが注目され、各国が注力しているのかというと、これまでと同様のことがサイバー技術を使うことで、より安全かつ効率的に、しかも低コストでできるようになったからだ。誰が盗み出したかわからなくすることも容易《たやす》い。特に諜報員の報告や無線通信の傍受で得られるそれよりも、はるかに大量の情報を入手できるということが大きい。

国家レベルでサイバー・インテリジェンスが行なわれていることは明らかで、その片鱗《へんりん》はときどき報道などに現われている。有名なところでは、二〇〇三年に米国防総省のネットワークから膨大なデータが盗まれた「タイタン・レイン事件」、二〇〇九年に発表された「ゴーストネット事件」がある。

「タイタン・レイン事件」では、周到な準備のうえでシステムの脆弱《ぜいじゃく》性を突いて侵入し、米陸軍の駐屯地《ちゅうとん》や国防情報システム局、軍需産業のロッキード・マーチンなどが標的になった。中国による組織的なサイバー・スパイ事件とされている。

「ゴーストネット事件」は、チベットの歴史的・宗教的指導者、ダライ・ラマが亡命しているインドの事務所で発覚した盗聴事件である。事務所内での会話が外部に漏れている疑念が浮かんだため、盗聴器や内通者の存在が疑われたものの、それらは見つからなかった。しかし、依頼を受けたカナダの研究者たちの調査によって、事務所のパソコンがスパイウェアに感染していたことが判明する。

誰も気づかないうちに、遠隔操作でマイクやカメラがオンになって盗聴、盗撮されていたのだ。このスパイウェアはメールに添付して送り込まれたと考えられ、通常のアンチウイルスソフトでは検知できないものだった。

「何者が運営していたかわからない正体不明のネットワーク」ということから、研究者たちによって「ゴーストネット」と名づけられた。

盗まれた情報がどこに送られたかも、はっきりとはわからない。ただ、関連する調査で同様のスパイウェアが一〇三カ国、一二九五台のパソコンに感染していたことが明らかになった。これにはインド、韓国、インドネシア、ルーマニア、タイ、パキスタンなどの大使館のパソコンも含まれていた。

中国からの独立を図るダライ・ラマの事務所が狙《ねら》われたこと、アジア各国の大使館が多く含まれていることなどから中国の関与が疑われているが確証はない。

サイバー攻撃では「誰が犯人かわからない」「他人を犯人に仕立て上げる」ことが可能である。

たとえば二〇一二年、他人のパソコンを遠隔操作して、襲撃や殺人などの犯罪予告をするという事件が日本で起きた。四人が逮捕されたが、すべて誤認逮捕だったため大問題になったから、覚えている方も多いと思う。

誤認逮捕された四人は、いずれも掲示板（2ちゃんねる）のリンクをクリックしたことから事件に巻き込まれていた。ニセの書き込みができてしまう「CSRF脆弱性」を突かれたり、ダウンロードによってウイルスに感染させられたりしたのである。

結局、ウイルスの入ったSDカードが発見され、江ノ島《えのしま》の防犯カメラに映っていた男が逮捕されたが、無罪を主張して一度は保釈されている。この男が「自分も無実である」というアリバイ工作のため、公判の同時刻、真犯人を名乗るメールをタイマーアプリを使ってスマートフォンから送信した。証拠隠滅《いんめつ》を図ってこのスマートフォンを埋めたことが捜査員に見つかって、ようやく犯人であることを認めたのだ。

この事件は、個人の起こした犯罪にすぎない。だが、「おたく」が起こした特異な事件と捉《とら》えるのは間違いだ。サイバー技術を使えば、他人のパソコンを遠隔操作することなど容易だし、身元を追うことは非常に難しい。この事件の犯人は、米海軍が開発した、ネット上で身元を秘匿する「Tor（トーア）」という仕組みを使っていた。

そのような技術がインターネット上にはたくさんあり、少し勉強すれば誰でも使い放題なのだ。

犯罪は基本的に国内における治安上の問題である。法は、明文化されていてそれに触れたらアウトという罪刑法定主義に則《のっと》り、各国がそれぞれの文化背景や事情で決めているルールだ。

後述するようにサイバー・インテリジェンスと犯罪はまったく別のことだが、サイバー技術が「犯人捜し」を従来とはまったく違う状況にしてしまったことは感じていただけたと思う。

本書の狙いは、そんな現代のサイバー・インテリジェンスについて解説していくことである。

現代のインフラであり、現代人の生活環境ともいえるインターネットは、どのくらい危険なのか、課題はどこにあるのか。個人や企業は、さらに国家は、情報に対して、どう考えて何を選択していけばいいのか――それを考える一助にしていただきたいと思う。

第1章　サイバー戦に巻き込まれる企業

ソニー・ピクチャーズをハッキングしたのは北朝鮮か

二〇一四年十一月二十四日、アメリカのソニー・ピクチャーズエンタテインメント社のコンピュータ・システムがサイバー攻撃を受けた。

同社のパソコンには「平和の守護神」を名乗るハッカーたちによる宣戦布告の画像が表示され、システムはダウンし、メールなども送信できない麻痺《まひ》状態に陥《おちい》った。幹部のメールや、俳優のギャラの情報、未公開映画の動画など、大量の機密情報も漏《ろう》洩《えい》した。

これはソニー・ピクチャーズが『ザ・インタビュー』という、北朝鮮の最高指導者・金正恩《キムジョンウン》第一書記を揶揄《やゆ》する映画を作ったことが原因と言われる。金正恩へのインタビューを許されたトーク番組の司会者二人組が、CIAに雇われて暗殺を試みるという荒唐《こうとう》無稽《むけい》なストーリーだったのだが、北朝鮮は「挑発行為だ」といって激怒していた。

こうしたことから北朝鮮のハッカー部隊による攻撃だったと目され、上映予定の劇場が脅迫されたために、ソニー・ピクチャーズは一切の公開を中止すると発表した。

ところがこの決定に対して「間違っている」と異を唱えたのがオバマ大統領である。

「アメリカを独裁者によって検閲《けんえつ》する社会にはさせない。北朝鮮の脅迫に屈し、言論・表現の自由が損《そこ》なわれてはならない」と格好のいいことを言って、結局、映画は予定通り十二月二十五日から上映され、ネット配信もされた。年が明けると、オバマ大統領は北朝鮮に新たな経済制裁を科すことを認める大統領令に署名した。これによって北朝鮮の情報機関や貿易会社の三団体と、一〇人の個人のアメリカ国内にある資産は凍結され、入国が禁じられた。

――というのが一般的に報道されている事件のあらましだ。

それをどう見るか。一連の流れから表面的に見れば、「ソニー・ピクチャーズが、北朝鮮の首領を揶揄するような映画を作ったからサイバー攻撃された」となるのだけれども、これをインテリジェンスの面から考えてみたい。

そもそも、マスコミなどによって流布された情報を「本当だろうか」と疑うのがインテリジェンスである。サイバー攻撃が行なわれた直後は、さまざまな説があったが、オバマ大統領やFBIのコミー長官らが北朝鮮が犯人だと主張すると、他の説はいつのまにか消えてしまった。

他の説とは、まず、会社を辞めた技術部門の女性が会社への不満を晴らすために行なったという内部犯行説だ。ある著名なセキュリティ会社が内部犯の証拠をつかんでFBIに提出したと言われていた。そこには犯人と思《おぼ》しき女性の名前もあった。

未公開の映画などが含まれ、一〇〇テラバイトに達するともいわれる膨大なデータは、おそらくいろいろなところに分散され保存されていたであろうから、インターネット経由で外から盗み出すのは手間がかかりすぎる。だから内部の人間が必要なものを直接ダウンロードしたというのは、ありそうに思える。

ソニーとハッカーの確執

ソニー全体で見れば、サイバー攻撃を受けたのは初めてではなかった。二〇一一年四月、ソニー・コンピュータエンタテインメントの家庭用ゲーム機・プレイステーション向けのオンラインサービスから個人情報が流出する事件があったのだが、これはハッカー（コンピュータ技術に精通したマニア）たちとの間での揉《も》めごとがきっかけだった。

プレイステーションはゲーム機とはいえ、某国がスーパーコンピュータの代わりに大量購入したと噂《うわさ》されたくらい、非常に高性能、高機能なコンピュータだ。それなのに二万円台で販売されていて驚くほど安かった。ハードウェアはできるだけ安く売って世界的に広めたうえで、ソフトウェアで稼ぐというビジネスモデルだったからである。

三世代目として二〇〇六年に発売されたプレイステーション３では、ゲーム機の機能だけでなく、フルハイビジョン対応、ブルーレイディスクを搭載、７・１チャンネルサラウンドが楽しめるなどビデオやオーディオの機能、さらにネットワーク機能も充実していた。

それだけに、映画や音楽などが容易にコピーされないようにガードがかかっていたのだが、技術のあるハッカーたちにとっては、それを破って腕試しするような格好の

〝遊び道具〟になっていた。それどころか、自由にソフトを追加できる高機能のパソコンとして使えるようにしてしまった猛者《もさ》もいた。

当然、ソニーとしてはそんなことをされては困るので、厳しくブロックをかけたところ、世界中のハッカーたちが怒って攻撃を仕掛けたという「プレステ事件」があったのだ。このときも個人情報をはじめ社内の情報も盗られている。

もしソニー・ピクチャーズにアクセスできるようなデータが漏れていて、ハッカーたちが『ザ・インタビュー』を見つけたとしたらどうだろう。彼らの心理になって考えてみたら「北朝鮮の首領様をおちょくった映画で騒ごうぜ！」というハッカーが出てきても、まったくおかしくはない。

つまり、映画が出たから北朝鮮が怒って攻撃したという順序ではなくて、プレイステーションの一件でソニーと確執のあったハッカーたちが、この映画を見つけてしまい騒ぎを起こしたとも考えられる。愉快《ゆかい》犯のハッカーによる悪乗り、ハッカー犯行説である。

自作自演の可能性

「誰が得をするのか」と考えるのは、推理小説における謎解きの定石だ。

さて、今回の『ザ・インタビュー』という映画。この事件が起こらなければ、私はこの映画を知らなかったし、知らないのだから見ようとも思わない。だが、これだけ話題になると「どんな映画なのか、ちょっと見てみたい」と思う。多くの人もそうだったろう。

映画を作った際は、公開前に世界各国のエージェントに渡して「この作品は、あなたの国だと何館押さえられそうか」と調査して、それから配給するのだそうだ。この『ザ・インタビュー』の場合、二九カ国のエージェントに見せて反応を聞いたところ、二八カ国で「くだらない。これは無理」と返事をしたらしい。

一カ国だけ「これはいい！」と好評だったようだが、これはエージェントの趣味にはまったというだけで、一般的にはヒットしないと評価されたということだ。

そうだとすると、今回の騒動で最終的に得をしたのは、ソニー・ピクチャーズということになる。サイバー攻撃されたことが騒ぎになって、オバマ大統領が「公開すべきだ」と後押しまでしてくれた。

映画は劇場公開だけでなく、ネット上でも有料配信され、結果として一週間ほどで元を取った、つまり製作費を回収できたともいわれている。

『ザ・インタビュー』は二人の監督の共同作品だが、二人ともドタバタコメディを得意とする、かなり変わった人物だ。かつて、童貞の高校生が、早く女の子と〝体験〟したいのだが、何をやってもうまくいかず、友達もできない。最後に童貞男子同士が愛し合っていたことに気がつくなんていう映画を撮っていたコンビである。

この映画、知人のアメリカ人たちがけっこう見ていたので、感想を聞いてみたところ、異口同音に「くだらない」という言葉が返ってきた。「一部分だけ、切り出して見ればおもしろそうだが、全体を見るとやはりくだらなくて、つまらない」と言うのである。やはり世界中のエージェントの評価通りだったようだ。

結局、ヒットしそうもない映画がヒットして万々歳となったのはソニー・ピクチャーズだった。だから、というのは確かに乱暴だ。根拠もないし、ソニー・ピクチャーズを誹謗《ひぼう》することにつながりかねないので、私もそうだとは言わないけれども、ソニー・ピクチャーズの自作自演説も可能性がゼロとは言えない。だから検討の際には一応、上げておくというわけだ。

北朝鮮に経済制裁をかけた意味

すなわち、事件の直後には、①北朝鮮犯人説、②内部犯行説、③ハッカー犯行説、④自作自演説の四つがあった。荒唐無稽と思われる見立てであっても、現実に「ありそうもないことが起こってきた」のが世界の事件史なのだから、どれであってもおかしくない。

インテリジェンスの世界では、わずかでも可能性があるなら、あらかじめ排除することは許されないのである。

そして、私の感触では、本当に北朝鮮が犯人なのだろうか？　という感じが否めないのだ。まず、北朝鮮のメンタリティーを考えると、本当に首領様を侮辱したことに怒ったのならサイバー攻撃という手段は使わず、もっと暴力的で直接的な方法を利用するのではないかというのがある。

ＦＢＩが北朝鮮の犯行の根拠として挙げたのは、過去に北朝鮮が韓国を攻撃したときに使ったウイルスと同じ痕跡があったことや、ＩＰアドレス（インターネット上の識別番号）が過去に北朝鮮が使ったものと同じということだった。

だが、挙げられた痕跡を示すようなウイルスは、それなりの世界中のサイバー研究者や大手セキュリティ企業が検体として持っているのだ。

つまり北朝鮮になりすます意図があれば、これらの検体から得た情報を利用することも可能なのだから、この痕跡があったからといって北朝鮮が使ったという絶対的な証拠にはならない。ＩＰアドレスもプロキシ（代理）サーバーとして動いていたり、スパムメールの送信元になっていたり、誰でも使える状態だったから、北朝鮮が使ったとは限らない。

そもそもＦＢＩは捜査機関、防諜機関ではあるけれども、サイバーの専門家集団というわけではない。ＮＳＡの発表であればもっと信憑《しんぴょう》性が高いのだが、ＮＳＡは沈黙していた。

もちろん私も「北朝鮮が犯人ではない」とまでは言わない。ただ、「北朝鮮の可能性はあるけれども、確定する証拠はない」ということだ。

だが、アメリカは「犯人は北朝鮮」ということにして、経済制裁をかけた。その意味は何だったのか——重要なのはこちらである。

アメリカからすれば、この事件の犯人が北朝鮮であっても、そうでなくても、どちらでもよかったのではないか。もし北朝鮮が真犯人であれば、犯人を正しく罰したことになるから二重丸、何も問題はない。

しかし、もしかすると北朝鮮が真犯人ではないのかもしれない。それでもアメリカはかまわなかった。制裁すること自体に意味があるからだ。

私は、アメリカはまたしても自分に都合よくルールを変えたのだと思っている。

反故《ほご》にされた「疑わしきは罰せず」

アメリカによるルールの変更。それは今回で二度目になる。

一度目は、同時多発テロの主犯であるとしてパキスタンに潜伏中のオサマ・ビン・ラディンを特殊部隊を送って殺害した事件だ。

常識的に考えれば、テロリストの潜伏先がわかった段階で現地の警察に捕えてもらい、アメリカに護送して、アメリカで裁判にかけなければならない。それを主権国家に押し入り特殊部隊を使って家族もろとも殺害した。

普通ならあり得ないことだが、「テロは犯罪ではなく戦争である」というルールに一方的に変えることで、これを可能にした。国内の法律で厳密に裁かれる犯罪と違って、戦争は事実上「何でもあり」なのだから、戦闘中に殺害しても不都合はない。非難されるにはあたらないとしたのだ。

今回、アメリカが変えたのは、「疑わしきは罰せず」というルールだった。

ご承知のように、これは刑事裁判の大原則である。刑事裁判では検察側に挙証責任があるから、窃盗《せっとう》でも傷害でも、検察側が証拠を示さなくてはならない。証拠が不十分で判然としない場合は、被告人は罰せられない。これが原則だ。

しかし今回、アメリカは、北朝鮮を犯人と断定する決定的な証拠はないのに罰した。「疑わしくても」罰することにしたのである。

なぜルールを変えたのか？　これはアメリカのサイバー安全保障に関係していると

思われる。

今、アメリカが、もっとも恐れている事態の一つは、見えない敵からサイバー攻撃されることだ。もちろんアメリカは、サイバー攻撃能力もサイバー防御能力も、世界トップレベルだ。しかし、その一方で、アメリカのサイバーインフラは弱い。それは日本より脆弱かもしれない。

それというのも、アメリカはもっとも早くインターネット技術を実用化して、社会基盤をいち早くインターネットに乗せたからだ。そのために、国全体では古いシステムと新しいシステムが混在しているし、州をまたげば、それらを律する法律も異なる。さらに民主主義の国だから民間にセキュリティを強要することもなかなかできない。つまり、サイバー上で守るべきものが非常に多く、しかも弱点が驚くほど多い。

そもそも、インターネットは性善説に則って作られたため、悪意に対してきわめて脆弱だ。インターネットは情報をバケツリレーしていく仕組みなのだが、途中に「悪い人」「悪意を持った人」が入ることを想定していない。バケツリレーの途中に「悪い人」がいて中身を覗《のぞ》いたり、悪意ある中身を流したりすることが考慮されていないのである。

そんな仕組みの上に、電力だの交通だの流通だの、さまざまなインフラが乗っている。悪意を持って攻撃されると、たちまち大きな被害が出ることは誰にでも想像できる。

「抑止」の理論

一般的に、攻撃に対しては「抑止」という概念がある。抑止とは、相手が戦争を仕掛けられないように思いとどまらせることで、大きく二つの方法がある。

一つ目は報復的抑止（懲罰《ちょうばつ》的抑止）である。これは「お前が俺を殴ったら、思い切り殴り返すぞ」というもので、殴り返されるのが嫌だと思ったら殴ってこないだろうという考え方だ。

核戦争の抑止が、このロジックだった。ひとたび核ミサイルが発射されると、それはほとんど迎撃不可能なので確実に被害が出るのだが、「やられたら、こちらも核を持っているのでやり返すぞ」となれば、敵は核攻撃をしてこなくなる。広島・長崎以降、核兵器を所有する国同士の大規模な戦争がなかったのは、報復的抑止が成り立っていたためだった。

もう一つが拒否的抑止だ。これは、相手を殴っても相手が全然こたえないから、やっても無意味だというものだ。

比喩《ひゆ》的に言えば、小学生がプロレスラーにケンカを売っても意味がない。蹴《け》りを入れられようが、腹を突かれようが、プロレスラーは笑って立っていて、軽く張り手でも出せば終わってしまう。ひょっとすると小学生は泣きながら何度も挑みかかるかもしれないが、中学生にもなればものの理《ことわり》がわかって、勝敗が見えている戦いはしない。

百発百中の対空ミサイルでもあれば核兵器の場合も、拒否的抑止は成り立つのだが、現実にはそんなものは存在しないので成り立たないのだ。

軍事的には、大きくこの二つの概念があるのだが、もう一つ、外交を含めれば拡張抑止という概念がある。「自分は弱くて拒否的抑止も報復的抑止もできないのだけれど、強い友人がいる。殴られたら、彼が殴り返してくれる」ということであれば、それも抑止になる。

もうおわかりだと思うが、日本の安全保障にはこの拡張抑止の概念が入っている。

つまり、絶対に日本を守るという完全な拒否的抑止は難しいのだが、「もし攻撃されたら自衛隊は戦います。飛行機が来たら撃ち落とすし、船が来たら沈めます。あなたがたは損害に耐えられないでしょう。僕たちは守っていますよ」と何とか抑える。一種の拒否的抑止が最初の段階だ。

それが機能しない場合には、次の段階としての報復的抑止がある。とはいえ、日本は平和国家なので相手を攻撃することはできないし、そんな武器もない。だから、報復の部分をアメリカにお願いする。日本の自衛隊が必死に守っているうちにアメリカが来て攻撃してくれる、これで報復的抑止がかかるというロジックだ。こうして全体的には拡張抑止がかかっていると考えることができる。

核に対しても同様である。他国が核ミサイルで日本を恫喝《どうかつ》しても、日本は核で報復できないから報復的抑止は絶対にかからない。核兵器に対しては拒否的抑止がまったく成り立たないのは前述のとおりなのだが、「われわれは核を持っていないけれど、アメリカが核でやり返すと言ってくれている」という拡張抑止がかかっているのである。

サイバー攻撃に対しては、抑止が困難

報復的抑止であれ拒否的抑止であれ、抑止が機能するのは相手の理性や心情に訴えるからだ。「確実に仕返しされる。あの国を攻撃するのはまずい」「とても歯が立たないから軍事攻撃はムダだ。もっと他の解決策を考えたほうがいい」となるので、攻撃そのものは実行できない。

ところが、この二つの抑止の概念がサイバーの世界では成り立たないのではないかと、目下、各国の軍事関係者の間で議論になっている。

まず報復的抑止に関しては、サイバー攻撃では「相手が誰なのか、よくわからない」という特徴がある。ということは、攻撃を受けた国が「おまえが犯人だな」と詰め寄っても、「ちょっと待ってくれ。俺じゃない。俺じゃなくて、あいつが俺になりすましてやっているんだ」と、攻撃側はしらを切ることが可能になる。

とすると、攻撃を受けた国がもし犯人と思しき国に反撃をして、あとで本当に間違いだったとわかったら大変なので、反撃に躊躇《ちゅうちょ》することになるだろう。これでその分、抑止が下がったということになる。

また拒否的抑止も難しい。サイバー攻撃に対しては、一〇〇%の防御が不可能だ。インターネットの設計上、どんなに守っていても必ず隙間《すきま》があって、そこを抜かれ被害が発生する。

一方で、たとえ攻撃が失敗しても、攻撃者には、まったく損害が発生しない。だから、続けて別のところを攻撃しつづけることができる。つまり拒否的抑止は成り立たないということになる。

報復、拒否のどちらの抑止もかかりにくい以上、拡張抑止の成立も当然、困難である。

さて、アメリカだが、このように見た場合、アメリカをサイバー攻撃しようとする国家があったとき、それに対する抑止はかかりにくいということになる。特に犯人がわからない場合はそうだ。

北朝鮮が、韓国のテレビ局と銀行を狙った理由

二〇一三年三月に、韓国で発生したＫＢＳテレビ、ＭＢＣテレビ、新韓銀行などの社内システムがいっせいにダウンし、大混乱になった。事件後、韓国政府はこれは北朝鮮によるものであると発表した。もちろん、北朝鮮はそれを言いがかりだと否定している。

このときは、約五万台のコンピュータが攻撃され、起動できなくなった。その結果、放送が混乱し、ＡＴＭが停止して、韓国社会に大きな衝撃を与えた。

テレビ局は大混乱になったけれども、紙と鉛筆で凌《しの》ぎきって放送は止めなかった。一方、銀行はＡＴＭを停止している。これは一部でも感染があったのなら、何か大きな問題が起こるかもしれないから、ＡＴＭを止めて点検した予防的措置だった。

すなわちサイバー攻撃においては、システムが直接被害を受けて止まるケースだけでなく、不具合によって発生する信用問題を避けるために、自ら止めざるをえなくなるケースもある。どんなウイルスが入ってきたのか、どんな問題が起こりうるのか、判定するだけでも大変な業務の妨《さまた》げになる。そうした状態に追い込めば、攻撃者の

意図は達成されてしまうのである。相手の心理につけこんで、目的を達成する事例がしばしば起こっている。

さて、このとき狙われたのが、テレビ局と銀行であったことには大きな意味がある。

もしこの攻撃が韓国経済にダメージを与えることが目的なら、サムスン、ＬＧ、ヒュンダイといった韓国有数の大規模な製造業者を攻撃したはずだ。しかし、テレビ局と銀行を狙った。どちらの業種も、被害を受けた企業が隠せないという特徴が共通している。つまり、経済的なダメージを与えることではなく、騒ぎになること自体が目的だったということだ。

一般の企業だと、やはり被害を受けたことは知られたくない。お客さんに迷惑がかかるし、会社の信用に差し障《さわ》りがあるからだ。株価も下がるだろうし、システム担当のトップリーダーが責任を問われるのは明らかで、いろいろ都合が悪い。できれば隠したい。隠せるなら隠そうという方向になりがちだ。実際、一般的な企業がサイバー攻撃を受けても、すべてが公《おおやけ》になるわけではない。

ところがテレビ局と銀行はサイバー攻撃を受けたことを隠せない。テレビ局は放送が止まってしまうから非常に目立つ。そもそも、報道機関が格好のネタになる事件をみすみす逃すはずもない。銀行は業務が滞《とどこお》り、ATMが止まれば必ず騒ぎになる。だから私は、騒ぎになること自体が目的で攻撃したと見ている。

騒ぎにしたかった理由は、アメリカへのメッセージである。攻撃手法を分析すれば、北朝鮮の仕業《しわざ》とわかる。そうしたとき「同じ攻撃をされると、アメリカは非常に困るはずだ」と北朝鮮は読んだのだ。つまり北朝鮮は韓国を攻撃するふりをして、アメリカに「われわれはこんなことができますよ。では、話をしようじゃないか」というメッセージを送ったのだ。

無視された金正恩

以前から北朝鮮は、何も問題がないところに厄介事《やっかいごと》を作り出して、相手を交渉の場に呼び出し、その対価としての支援——すなわちカネと食料と重油をもらうのが常《じょう》套《とう》手段の国だった。

先々代の金日成《キムイルソン》、先代の金正日《キムジョンイル》もそうやってきたわけだ。いきなり大砲を撃ち込んで危機を作り、交渉に引き出して、「じゃあ、このくらいで我慢してやるから、重油を寄こせ」という行動様式だった。

韓国へのサイバー攻撃があった二〇一三年四月というのは、金正日の死去によって息子の金正恩が権力を継承してから、ちょうど一年が経ったところだった。しかし、その権力は盤石《ばんじゃく》なものとはいいがたい状況であった。

二〇一二年の暮れには、国のナンバー2にあたる人物やその側近たちを粛清《しゅくせい》して、権力を掌握しようと躍起《やっき》になっていた。おそらく、彼が権力を確固たるものにして尊敬と忠誠を集めるには、国民に「今度の首領様もすごい人だ」と言わせる必要があると考えたのだろう。

そのために、国内的にもっとも有効なのは、アメリカの大統領と話をすることだ。世界一の国家とわが北朝鮮は対等の国だと、国民に示すことができれば完璧である。韓国など目ではない。日本も関係ない。アメリカと対話することで、ステータスは一挙にアメリカと同格になる——。

われわれ日本人の感覚では荒唐無稽《こうとうむけい》で理解しがたいかもしれないが、彼らはそのように考えるのだから仕方がない。とにかくアメリカを交渉に引っ張り出そうとしたのである。彼の祖父や父は、大砲を撃ったりミサイルを発射したりすることで存在感を示して、周辺国から経済支援を引き出してきたわけだが、二十代の彼はサイバー攻撃を選択したのだった。

もしかしたら、その裏には、万が一アメリカが本気で怒ったらという恐怖心があり、サイバー攻撃ならば「自分は犯人ではない」と言い逃れできるという腹づもりもあったのではないだろうか。

ところが、オバマ大統領はこれに対して、まったく無視をした。大統領のブレーンは北朝鮮の最高指導者が二十代の若者であることを見切っていて、「無視して大丈夫ですよ、大統領」と言ったに違いない。アメリカが見事なくらいに無視したものだから、会談もなく、カネも食料も重油も手に入らなかった。

結局、韓国がサイバー攻撃を受けたこと自体、うやむやになってしまった。

サイバー攻撃は言い抜け可能、最初から「自分たちではない」という弁明をされることは透けて見えている。つまり、この事件は、報復的抑止は利《き》かなくなっているということをはっきりと示していた。

だからソニー・ピクチャーズの事件で、自国の企業が攻撃を受けたのを機に、アメリカははっきりと「疑わしきは罰する」という方針を伝えたわけである。サイバー攻撃なので犯人がはっきりしないということで抑止が下がったことをよしとしなかったわけだ。

現代において、リアルな世界の軍事力では、アメリカを殴ってやろうなどという国は一〇〇％存在しない。彼ら自身、「われわれを攻撃する国はない。世界最強の軍隊を持っているのだから」と思っていた。

ところが、サイバー上ではその状況が一変した。アメリカには守るべきものが多くて守り切れない。しかも犯人はわからないとなると、これは大変なことだ。サイバー技術の研究はトップクラスのアメリカゆえに、彼らは防御の困難さをよく認識している。それだけにサイバー攻撃への恐れは強い。

以上のような理由で、アメリカはルールを変えた。「疑わしきは罰する」ことにしたのである。つまり、攻撃国が私ではないですと言っても、状況証拠からみて怪しければ反撃するというメッセージを出すことで、報復的抑止の低下を防ぐことにしたのだ。

電力網というアメリカの弱点

ところで、アメリカのインフラの中でも、もっとも弱いと考えられているのが電力系である。電力は発電量と消費量が完全にバランスしていないといけない。需要が大きいのに発電量が不足すると、電圧が不安定になったり停電になったりする。逆に需要は少ないのに、発電量が大きいと逆流して非常に危険なことになる。

テキサスの研究所で模擬システムを作り逆流の実験をしたところ、発電所のタービンが吹き飛んだという。回転力を電流に変換しているのが発電機だから、逆に電流を流すとモーターになる。想定されない方向に想像以上の力がかかって重いタービンを吹き飛ばしたのだろう。

ひとたび事故が起こると、電力網は将棋倒しに潰《つぶ》れていく性質があるので、そうならないように電力会社はつねに消費量をモニターして、発電量を調整しているのである。さらに問題が発生した場合、そのブロックを切り離すといったコントロールが行なわれる。

その重要なコントロールは、現在、インターネットを利用している。しかしそこには問題がある。

アメリカでは、早い時期からインターネットが導入されたため、いろいろなシステムが混在している。そもそも、発電会社と送電会社も別々だ。それらの中では、あちこちで古いシステムがそのまま使われていたりするのだ。ほんの数年前まで、ダイヤルサインアップだった電力網があったくらいである。一般公衆回線の電話線から入れてしまうのだから、脆弱で危険きわまりないが、なかなか最新のサイバー環境への更新が進まなかった。

連邦政府が「危ないから最新のシステムに変えてください」とお願いしても、地域の小さな電力会社に「コストがかかる」「お金がない」と言われてしまえば強制は難しい。アメリカは民主主義を旗印に掲げた資本主義の国だ。中国やロシアのように、上意下達で統制できる国とは違う。法律なしに国が企業に対して命令することはできない。

しかも、アメリカは五〇州それぞれに別々の法律がある連邦国家だ。今日にも起こりうるサイバー攻撃には、どうにも間に合わない。

二〇一四年四月、マイクロソフトがウインドウズXPのサポートを終了したとき、「セキュリティ更新プログラムなどが提供されなくなるので危ない」とさんざん言われた。これはパソコンがウイルスなどに脆弱な状態に置かれ続けるので、セキュリティ上、危険な状態になるからだ。しかし、小さな会社では、おそらくまだ使っている場所もあるはずだ。現在ちゃんと動いているのに、あえてコストをかけて、新しいシステムに換装するのは辛いものがあるからだ。おそらく、地方の電力会社では、このウインドウズXPをいまだに使っているところがあるのではないだろうか。

ライフラインの重要な基盤がインターネットに依存していて、それが、ダイヤルサインアップという古い技術から最新技術まで、各社バラバラという状況だから、攻撃者から見れば一番弱いところを狙って落とせばいい。前述のように電力網は将棋倒しで潰れていくのだから。

こうした問題点を、アメリカは一〇年ほど前から認識している。だから、二〇〇六年から隔年で実施されている「サイバーストーム」という大規模な官民合同の演習においては、当然のように電力網への攻撃が想定されている。

電力自由化が日本にもたらす弊害

私の見るところ、電力網に関する限り、日本はアメリカよりも上である。

先にも述べたように、アメリカが攻撃者につけこまれやすいのは、発送電分離で、電力網は州を跨《また》いでいるのに法律は州ごとに異なり、しかも技術レベルがバラバラであるといった事情があるためだ。いちばん弱いところを突かれると、将棋倒しにやられて大きな被害が出てしまう。

これが日本では、たとえば東京電力の場合、発電所も送電線もすべて自前で持っている。コントロールシステムも自前の専用線で、電線を張るときに一緒に引いているので、NTTなどの一般公衆回線につながっていない。これは最近までダイヤルアップで入っていけるところがあったアメリカとは大違いで、攻撃者からすると明確な入口がない。

閉鎖的だと非難される日本の電力業界だが、何ごとにもメリットとデメリットがある。防御力はそこそこ、攻撃力はゼロの日本だが、そのインフラ自体は現在のところアメリカほど脆弱ではない。

「現在のところ」と断ったのは、二つの懸念があるからだ。

一つ目は、二〇二〇年四月に発送電分離が実施になる。電力会社の送配電部門が独立して、発電と小売が完全に自由競争の状態になる。料金競争によって消費者のメリットになると期待されているけれども、事業者が細かく分かれていくとコントロールは複雑になり、統制が利きにくくなる。

現在は電力会社が、地域で独占的に供給しているだけに、責任を負って問題に対応しているのだが、分離後にサイバー攻撃のような問題が起こった場合、お互いに連携を取る必要が出てくる。ワンクッション入るだけに不利になるのは明らかだ。

発送電分離の目指すところは料金競争だから、当然、コストダウンは至上命題になる。火力発電の会社も太陽光発電の会社も、競争に勝って利益を出す必要があるから、どうしてもセキュリティにかかる費用が抑えられることになるだろう。そしてセキュリティは全体でいちばん弱いところが狙われるという原則があるのだから、電力網全体としては脆弱性が増してリスクが大きくなるのは避けられない。

そして二つ目の懸念が「スマートメーター」である。

スマートメーターとは、各家庭の電気の使用量をリアルタイムで計測、通信する電力メーターで、従来型からの切り替えが二〇一四年から始まっている。これは、電力会社とのデータのやりとりのほか、家庭内の住宅用エネルギー管理システム（HEMS＝Home Energy Management System）によって、電化製品や太陽光発電システムなどと連携する文字通り賢い（スマート）メーターだ。

社会全体の省エネ化や、検針業務の効率化、きめ細かいサービスなどが可能になるとされ、うまく使えばエネルギー資源の乏《とぼ》しいわが国では、非常に役に立つものだと思う。

しかし通信機能を持っているだけに、スマートメーターを乗っ取られてサイバー攻撃に使われると大変なことになる。機能上、当然ながら各家庭に設置されるものだから、現品を盗まれて解析される可能性は高い。攻撃者から見たら、現物が手に入るのは本当にありがたい。分解、解析してどうやったら侵入できるか、何回でもテストできるのだから。そうなれば、侵入することも実に容易《たやす》い。

この二つの理由から、日本の電力網はここ数年以内に、今より脆弱になっていく危険性はかなり高いと思わなくてはいけない。

本当に怖いのは、システムそのものへの攻撃ではない

サイバー攻撃で本当に怖いのは、システムそのものへの攻撃やウイルスではなく、データが改変されることだ。システムがいくらファイヤーウォールなどで侵入から守られ、ウイルスが排除される仕組みがちゃんとあったとしても、入ってくるデータが間違っていれば、当然のことだが間違ったアウトプットを出す。その結果が思いもよらない被害を発生させることもあるのだ。スマートメーターは、そんな攻撃に使われる可能性がある。

たとえば、全体のシステムは正常に働いていて、発電量と消費量は一定になっているときに、たくさんのスマートメーターを攻撃して乗っ取り、電気の消費量がどんどん上がっているような偽物のデータを統制所に送るようにしたらどうなるだろう。供給が不足しないように発電所は発電量を増やすが、実際にはその電力は消費されない。過剰な電力は、架線や送電用の機器を焼くことになる。誰かが早く異常に気づいて対策を取らないと、おそらく大事故になるだろう。

東日本大震災以降、そして来《きた》る東京オリンピックなどのイベントに際して、原子力発電所のセキュリティに対する懸念が出されている。だが、原子力発電所の警備はそれなりに厳重だから容易には内部に侵入できないし、外に接続されていない発電所の制御システムをサイバー攻撃によってコントロールし、事故を起こさせるのは、事実上困難であると言っていい。

だが、サイバー攻撃で電力需要側のデータが改竄《かいざん》されたとなると、どうだろうか。原発は供給量を上げようと、いくあてのない電気を大量に作る。すると、どういうことになるのか。

テキサスの火力発電所の実験で、逆流によってタービンが吹き飛んだことはすでに述べたが、原子力発電所のタービンが吹き飛んだら何が起こるのか。原発ではタービンと原子炉は建屋が別になっているから、直接、炉心を壊すことはないだろうが、原子炉内を流れる一次冷却水でタービンを回す沸騰《ふっとう》水型軽水炉なら、放射能で汚染された蒸気が噴出するわけだし、冷却水の循環が止まることになる。

加圧水型軽水炉は放射能で汚染されていない二次冷却水でタービンを回しているが、やはり冷却水の循環が止まるわけだから、蒸気発生器の中にある一次冷却水の細管（高温高圧なのでここが弱点である）へのダメージを考えないわけにはいかない。

いずれにせよ、炉心の制御がうまくできたとしても、当分の間、膨大な熱を発し続けるのだから危険には変わりない。原子炉は冷却ができなくなると致命的なのだから。

あるいは、システムに侵入することに成功すれば、監視データに間違った表示をさせて人間がそれを信じ、やってはいけない操作を行なわせるというシナリオだって考えられる。おそらく、基幹システムより、単なる監視システムは防護が弱いのではないか。

万一、制御システムそのものが攻撃されたとなるとさらに致命的な事態となる。このような事件はすでに起こっており、イランの核施設内でウランを精製する遠心分離機の制御ソフトが攻撃を受けた「スタックスネット事件」が有名である。

アンチウイルスソフトでは対抗できないことも

こうした攻撃に対して、アンチウイルスソフトはどのくらい効果があるのだろうか？　という質問も当然出てくるだろう。だが、本気の攻撃者にかかれば、アンチウイルスソフトはほとんど無力だと言わざるを得ない。

現在のアンチウイルスソフトの基本的な原理は大きく二つある。

まず一つ目が「パターンファイル（ウイルス定義ファイル）方式」と呼ばれるもので、発見したウイルスからその特徴を示すパターンを作成し、これをユーザーのＰＣに配信して、そこで怪しいファイルと照合、ウイルスを検出する仕組みだ。たとえるなら「この顔を見たら一一〇番」方式である。泥棒を捕まえたら、その写真を撮ってあちこちに貼り出しておく。前科者が侵入しようとすると、排除される仕組みである。

しかし、おわかりのように、これは〝新人の泥棒〟に対しては効果がない。未知のウイルスを検知することはできないのだ。最近、猛威を振るっている標的型攻撃では、パターンファイルにないものが使われることが多い。このような場合は、アンチウイルスソフトはあまり役に立たないということになる。加えて、泥棒が変装すれば、やはり捕まえにくくなるように、ウイルスも亜種といって本質は同じでもパターンファイルは異なるように変異されたものがある。

結局、アンチウイルスソフトを作るメーカーは、つねに死にものぐるいでパターンファイルを作り続けるはめになる。しかし、つねに後手に回っているのは明らかだ。

だからといって、このようなタイプのアンチウイルスソフトが無意味だと言っているわけではないので注意してほしい。入れなければ、既知のウイルスさえも排除できず、もっとひどいことになる。

もう一つが「振る舞い検知方式」という仕組みで、これはたとえると不審尋問だ。

住宅街で変な男が他人の家を覗いていたら、お巡りさんが「何をしているんですか？」と声をかけるようなやり方である。さまざまなプログラムの振る舞いを監視して、怪《あや》しい動きを検出する。こちらは未知のウイルスも検知できる可能性があり、標的型攻撃にも効果があるとされている。

ただ、残念なことに誤認逮捕が発生する場合がある。有名なアンチウイルスソフト・メーカーでもたまに〝誤認逮捕〟してしまい、ＯＳが動かなくなって大騒ぎになったこともあった。システムの中にウイルスと同じような挙動をするものがあって間違えてしまったのだ。

いずれにせよ、攻撃者が本気で攻撃を仕掛けようとするなら、まず街で販売されているアンチウイルスソフトをすべて手に入れて、それらがどういうロジックで振る舞い検知をしているのか調べればいい。そして、それをかいくぐる方法を見つけてから、攻撃するというわけだ。このように、攻撃側が、防御側のことを調べられるような方法は、本気の攻撃者に対しては無防備になってしまう。要するに、必ず後出しジャンケンをされるということなのだ。

他の企業より少しだけ上の防御をしておく

そこで、一つの有効な防御の考え方としては、攻撃者がアクセスできない、つまり攻撃者が入手できないような防護手段を取ればいいことになる。

その一つが、外部のセキュリティ会社によるネットワーク監視である。それぞれの会社が独自開発したエンジン（基幹部分）を用いて監視をするので、どういうロジック（どうすると怪しいと検知されるのか）で監視しているのか攻撃者側、ハッカー側からはわからない。アンチウイルスソフトなら買ってきて調べることができるけれども、ネットワーク監視ではそれができない。その意味で、この方法は防御側優位と言える。

実は、アンチウイルスソフトでも同様の効果を得る方法はある。予算が潤沢《じゅんたく》にあるのなら「街で売られていないアンチウイルスソフト」を使えばよいのである。世界にはそうした特殊なアンチウイルスソフトがある。それなりに高価だが、お金を出せば独自のアンチウイルスソフトを作ってくれるメーカーが日本にもある。

ところで私は、コストの観点はサイバー上の防御を考えるうえで非常に重要だと考えている。

セキュリティを案ずる企業の担当者から「守るのにどれくらい費用をかけたらいいですか」と聞かれたとき、私は「同業他社よりちょっと上にしなさい」と答えている。産業スパイレベルの攻撃者であれば楽な相手を攻撃するのが定石だからだ。まず狙ってはみるけれども、そこが手強かったら他社へ行く。「ここは楽だ」となれば攻撃、侵入する。

たとえば宝石店に入ろうという泥棒なら、夜には電気を消してしまって誰もいない店と、夜も煌々《こうこう》と明かりがついてガードマンがいる店とがあれば、誰が考えても前者を狙う。

企業の防御も同じで、少なくとも同業他社より少し上にしておくだけで効果があると思う。攻撃者がスキャンをかけたときに、「ここはちょっと手強そうだが、こっちは楽だ」と、矛先《ほこ》が変わる可能性が増す。これがコスト感覚に訴える防御方法で、民間企業はできるはずだ。

その際、注意しなくてはいけないのは、ほかの企業より「少し」防御を上げておくことだ。極端に防御を強力にするのはまずい。そうすると、ハッカーたちを引き寄せてしまうのだ。つまり〝トロフィー〟になってしまい、「うちの防御は強力です。完璧です」と威張る企業には、「では、お手並み拝見」というハッカーが必ず来る。

ちなみに私が所属する株式会社ラックが持つセキュリティ監視センターは「ＪＳＯＣ（Japan Security Operation Center）」を登録商標にしている。顧客の企業をサイバー攻撃から守る組織なのだが、どうも世界のハッカーの中には、名前のせいで日本政府のセキュリティ・オペレーションだと勘違いしている連中がいるようだ。

「民間企業の三倍くらいの攻撃を受けている」と、よく冗談を言っているのだが、やはり目立つと狙われるのである。

防御には、攻撃よりも莫大なコストがかかる

ただ、この他者との比較によるコスト感覚に訴える防御方法が通用する場合は限られる。その企業をどうしても狙う理由があれば、いくら同業他社より防御力が高いといってもしょうがないだろう。

その場合でも、攻撃にかかる絶対的なコストを引き上げることによって、防御することは可能である。

たとえば一億円を狙うときに、一億円のコストをかけた攻撃は絶対にしない。犯罪者レベルなら「一億円が取れるのなら、一〇〇〇万円くらいはかけてもいいかな」と思うわけだ。一〇〇〇万円かけてもよいと攻撃側が見積もっているとき、二〇〇〇万円かけないと破れない防御があれば、彼らはやってこない。

昨今、ネットワーク犯罪の世界では、アイデアを考える人間、プログラマー、資金提供者という役割分担ができていて、投下コストに対してどのくらいのリターンがあるのか、見極めもシビアだという。

それがコスト感覚に訴える防御の理論だが、防御のレベルを桁《けた》違いに上げて、攻撃者のコストが、それによって得られる価値に引き合わなくできれば防御は成功となる。しかし、ここで問題となるのは、攻撃にかかる費用に比べて防御にかかる費用が高くなりがちだということだ。

サイバー上では、攻撃者は当然のことながらコンピュータを使って攻撃を仕掛ける。何千、何万の単位で大量にメールを送りつけるDoS攻撃にしても、ウイルスを潜《ひそ》ませるにしても、瞬時に行なわれる「機械時間」だ。

これに対して防御側はいくら自動化しても、どうしても人間が対応せざるを得ないところがある。機械のアラートに対応して、問題のネットワークを切り離したりウイルスを解析したり、機械ではできないところを「人間時間」で処置していくことになる。新しいタイプの攻撃であればなおさらだ。すなわち、時間上の非対称性があって、攻撃側は時間コストが圧倒的に安いのだ。

すると、個々の企業が自社のシステムのセキュリティを万全にしておくためには、莫大なコストがかかることになる。企業の業績が好調なうちならよいが、そうでなければコストダウンを図ろうとして、「こんなところにカネをかけてはいられない」となってしまうのは明らかだ。

先に、電力事業の料金競争でセキュリティに懸念が出てくると述べたが、まさにこうしたことだ。個別の企業がセキュリティにコストをかけることを期待するのは、非常に危うい。とくに民間企業が他の国家から狙われた場合、まず勝ち目はない。

そこで、こうした攻撃コストを引き上げるためのセキュリティシステムの構築を、国が肩代わりするという方法が考えられる。

つまり国の予算として、数千億から兆の単位の開発費をかけて、日本全体を守るネットワーク監視システムを作ってしまうというアイデアだ。もちろん、利用する企業に相応のコスト負担をしてもらうのが望ましいとはいうものの、一つの企業で対応できないレベルのセキュリティを実現できるはずだ。いわば、企業が私道を作る代わりに高速道路を作るようなものだ。

「国家」による「民間企業」への攻撃

民間企業が民間企業に対して攻撃を仕掛けるなら犯罪であるが、国家による民間企業へのサイバー攻撃によって、国民の安全、生命、財産が脅かされるとなれば、これはもう戦争である。二〇一二年に上梓した『「第5の戦場」サイバー戦の脅威』（祥伝社新書）で指摘したように、サイバー技術による「見えない戦争」はすでに世界中で勃発《ぼっぱつ》している。

防御するには、やはり国家として対応しなくてはいけない。

戦争には国際法という歴史的に積み上げられたルールがあって、そのルールがサイバーの時代に適用できるかという議論はあるのだが、攻撃から国民の安全、生命、財産を守るのは国家のもっとも基本的な役割だ。対応は簡単ではないけれども、なすべきことははっきりしていると言っていい。

サイバー時代の今、もう一つの大きな問題が噴出している。国家がサイバー攻撃のみならず、サイバー・インテリジェンスの対象を民間企業にも向けているという難題である。国家レベルで狙われると、民間企業は自分のシステムを守れない。

だからたとえば、国家が盗み出した技術情報を国営企業に渡すことで、競合商品が世界中で安く売られるとしたら、盗まれた側の国家は黙っていられない。実際、この問題をめぐる中国とアメリカの対立が、「アメリカによるルール変更」にも関係している。この国家による企業に対するサイバー・インテリジェンスの問題について、章をあらためて詳述しよう。

第2章

変貌する国家間のインテリジェンス

「マンディアント・レポート」の波紋

二〇一三年二月、アメリカのセキュリティ会社、マンディアント社から、サイバー上のスパイ活動の実態を垣間見せるレポートが発表された。

内容を端的に言えば「中国人民解放軍のサイバー部隊が、アメリカを対象に活発なサイバースパイ活動をしている」ということだ。部隊名や規模まで示したこのマンディアント・レポートが公表されると、アメリカでは「やっぱりそうか」「ひどい話だ、何とかしろ」と波紋が広がり、日本の報道も右にならえとなった。当然のことながら、中国は否定している。

普通、インテリジェンスの世界は「お互いさま」だから、公然と非難しあったりはしない。だが、サイバー上では米中がさやあてを繰り返してきたことは事実であり、そうした事例の一端は、ときどきマスメディアに流れて耳目を集めてきた。

それが、このときは民間のセキュリティ会社のレポートとはいえ、中国を名指しで非難する形で発表がされたことには、何らかの意味があると考えなくてはいけない。

本章では、米中のサイバー・インテリジェンスの実態を述べていくに当たって、このレポート公開の背景から話を進めていきたい。

一般に「ＡＰＴ１レポート」と呼ばれるこのレポートのタイトルは、「APT1: Exposing One of China's Cyber Espionage Units」（中国サイバースパイ部隊のうちの一つを暴露する）である。

タイトルが示すとおり、「たくさんの部隊がある中で、特徴あるものを選んでＡＰＴ１と名づけた。このレポートはそれに関するものである」と、最初にきちんと断っている。つまりレポートは中国のサイバー攻撃についてすべてを語っているのではなく、ある一つの部隊についてのものにすぎない。これはけっこう重要な点だ。

ＡＰＴとは、「Advanced Persistent Threat」、つまり「高度で持続的な脅威」といった意味で、脅威となる謎の部隊を指している。私は冗談で「Awful PLA（People Liberation Army）Threat（恐るべき中国人民解放軍の脅威）だ」と言っているのだが、セキュリティ関係者には笑えない人もいるだろう。

レポートでは、ＡＰＴ１の正体は上海を拠点とする人民解放軍の６１３９８部隊だろうと結論づけている。その理由として、

（1）攻撃をトレースバック（送信元をさかのぼって追跡すること）したところ、攻撃に利用されたサーバーは上海にあった
（2）マルウェア（コンピュータウイルスやスパイウェアなど悪意あるソフトウェアのこと）によって作られたバックドアによる通信の中継先が、上海の同じネットである
（3）攻撃を中継するリモートログインの発信元も上海の同じネットである
（4）中継サーバーへのリモートログインは、簡体字用のキーボード配列で行なわれている

といった証拠が挙げられていた。

バックドアとは外部から侵入するための裏口のこと、リモートログインとはコンピュータやネットワークにインターネットなどを介して外部から接続することだ。その足跡が残っていたというのである。

なぜ、攻撃者が判明したのか

だが、ここでいくつかの疑問が湧《わ》いてくる。

第一に、なぜトレースバックできたのか、という疑問である。通常、攻撃者は〝踏み台〟を使って身元がバレないよう他人になりすますなど、いろいろなテクニックを使う。パソコン遠隔操作事件で日本の警察が四人を誤認逮捕してしまったのも、犯人が他人になりすましていたからだ。

人民解放軍がサイバー攻撃しているのに、トレースバックできることがそもそもおかしい。だが、私もレポートの示すとおりに試してみたところ、たしかに示されたアドレスまでたどれたのである。

しかし、攻撃者のインターネット上のアドレス（ＩＰアドレス）は、単なる数字の羅列《られつ》にすぎないから、現実にどこにあるかという物理的な場所は別の問題だ。有名な例だが、アリゾナのとある研究所と京都大学はＩＰアドレスは隣《となり》である。

では、どうやってアドレスから実際の場所がわかるかというと、「ＷＨＯＩＳ（フーイズ）」という仕組みがある。これで管理者の名前とか住所、電話番号を調べることが誰にでもできる。実際、私もＷＨＯＩＳで検索したら、上海の住所が出て、管理者の名前と電話番号が出てきた。

しかし、はたして「なるほど、これで攻撃者が上海にいることがわかった」と言えるのだろうか。

だから二番目の疑問は、仮にたどった先のアドレスがわかったとしても、攻撃者が自分のサーバーを馬鹿正直に登録していたのか、という点である。

三番目の疑問は、ではその攻撃者が上海にいるとして、その部隊名が６１３９８部隊であると特定できたのはどうやったのか？　ということだ。

「ＡＰＴ１レポート」には、そのこともきちんと書いてある。

プロジェクト２０４９研究所という、中国の公刊情報を追いかけているアメリカの調査グループが、中国人民解放軍の部隊に関する資料を作成しており、そのなかで部隊名や所在地、そして五桁の部隊特定番号のデータベースを作っていた。

この五桁番号は通常なら表《おもて》に出さないものだ。軍隊は通信をするときに、まず、コードブックにしたがって部隊名など、単語やフレーズを別な数字の羅列に置き換え

中国人民解放軍の構造と61398部隊

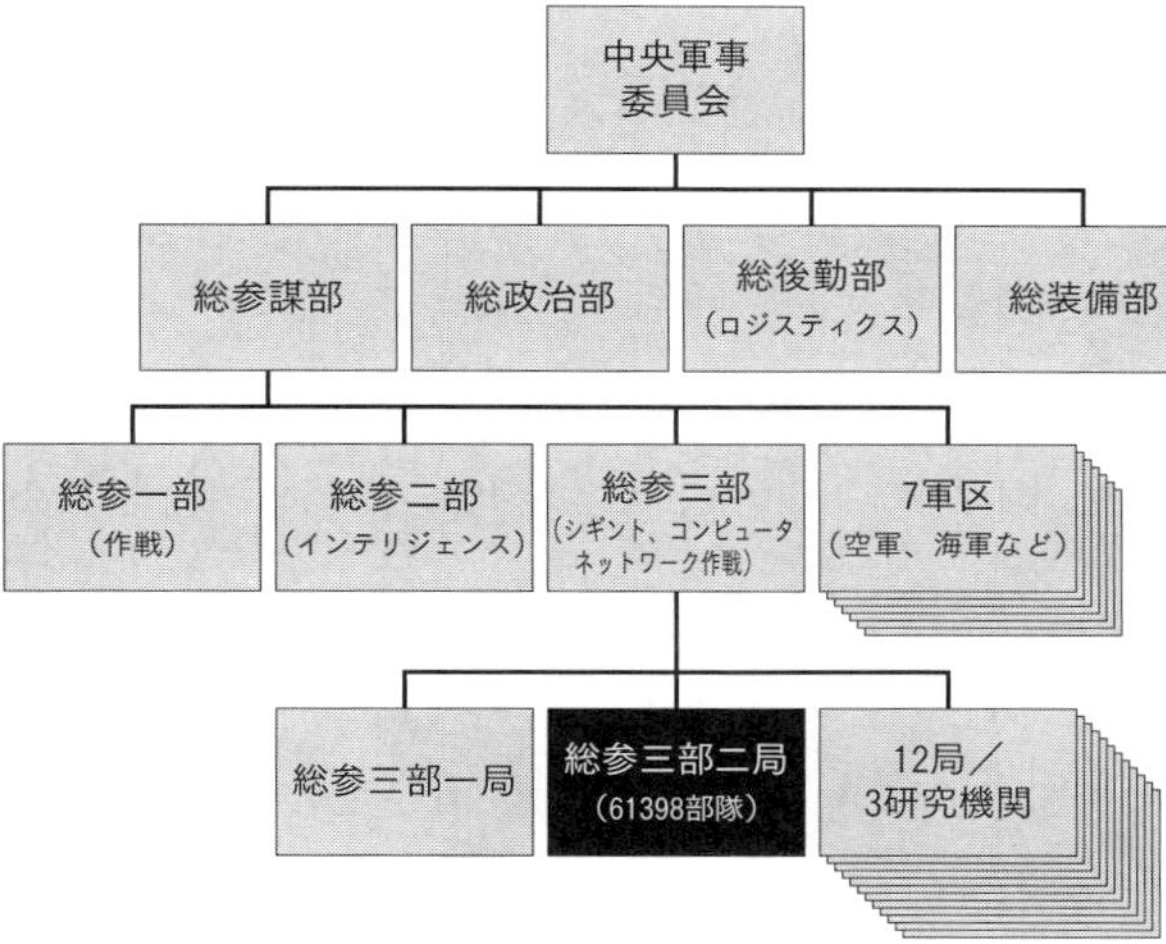

マンディアント社の「APT1」レポートより作成

マンディアント「APT1」レポートに掲載されている中国人民解放軍の組織図。総参三部二局が61398部隊であるとしている。ただし、筆者の見解では、すでに組織改編が行なわれており、この組織図は古いものである。だからこそ、マンディアント社はこの資料を発表できたのではないだろうか。

る。そのあと、さらに文章全体を乱数列で暗号化するのである。これは世界中の軍隊が普通にやっていることだ。自衛隊にも同じようなものがあるけれども、表には出さないし、使う必要がない人は自衛官でさえその存在を知らない。

この部隊名とその数字の対応は、一般に知らしめる必要はまったくないはずだ。ところが、不思議なことに中国では部隊名と五桁番号がぼろぼろ出てくる。なぜかその部隊番号をワッペンにして貼ったり、新聞記事に部隊番号が書いてあったりするのである。

たとえば自分たちが第十四師団に属していて、五桁番号をもらったら「それが俺の番号だ」とばかりに平気でワッペンにつけたりする。記事にも出てしまう。われわれには理解できないことだが、私の知る限り、これは中国軍だけの特徴だ。おそらく中国人はわれわれとセキュリティ感覚が違うのだ。

さて、プロジェクト２０４９研究所はそれに気がついて、新聞記事や写真などに部隊名や番号が出てくるたびにそれらを収集し、丹念にデータベースを作ったのだ。そして、彼らの資料によれば、上海に配置されているのは総参謀部第三部二局、６１３

９８部隊だというわけである。

たとえて言えば、読者のあなたのもとに刑事が来て、「犯人は○○地区の住人であることがわかった。今、○○地区に住んでいるお前が犯人だな」と言っているに等しい。

さらに、「ＡＰＴ１レポート」によると、この部隊の規模は約二〇〇〇人だとされている。その理由はこうである。プロジェクト２０４９研究所の資料には、上海のその住所のビルが示され、写真も貼ってある。ワンフロアの面積と階数から二〇〇〇人と算出した。

いくらなんでも、これはおかしい。資料にあった住所というだけで、そのビルに６１３９８部隊だけが全部入っているという確証はないのだし、仮にそうでも、全員がサイバー活動をしている要員なのだろうか。

アメリカの国益に沿うレポート

このレポートには以上のことがきわめて真面目に記述してある。きちんと読めば、これらの問題点と理由もそうとわかるのだが、サマリー（要約）だけしか読まないほとんどの人々は「アメリカをサイバー攻撃している61398部隊は上海にいて、その規模は二〇〇〇人だ」と思いこむ。そしていつのまにかこの情報が独《ひと》り歩きするのである。

繰り返すが、攻撃者をトレースバックできることも、その所在地が判明することもおかしい。逆に、このことから言えるのは、APT1というサイバースパイ部隊の技術レベルがきわめて低いのではないか、ということである。したがって「APT1レポート」は、中国発のたくさんのサイバー攻撃、サイバースパイ活動の中でも、もっとも技術レベルが低いものを一つ、ピックアップしたものだろうとわかるのである。

こういう内容で発表したことには二つの理由が考えられる。一つは深謀遠慮だ。つまりこの調査に関わったマンディアントの人たちは、もっと高度な攻撃についても承知し、解析もしているのだが、その事実が明らかになると中国は当然、さらに高度な方法に変更する。だが、これだけ低レベルだと、ほとんど価値がないから手の内をさらしても問題がない。損は何もない。

そしてもう一つ、賞味期限切れの古い情報だったということだ。実は二〇一一年に人民解放軍の総参謀部は組織改編している。総参謀部第二部と第三部の一部が抽出されて、「信息化部」という組織ができた。

「信息」とは従来の辞書だと「情報」だが、今は日本語の「情報システム」といった使い方と同じく、ＩＴやサイバー（コンピュータやネットワークに関わるものの総称）の意味を含んでいると解してよいだろう。

信息化部を日本語に訳したとき「情報化部」だったり、下手をすると「情報部」だったりしたために、余計な混乱を招いているのだが、これは「二〇一一年に人民解放軍の総参謀部にサイバー戦を担当する部署ができた」ということにほかならない。したがって、組織としては新しい番号がつけられて、６１３９８という番号を有する部隊はなくなっている可能性もある。いや、そこは、おおらかな中国人なので、新編された新しい組織にそのまま同じ番号を付与している可能性も否定できないが。

すなわち、アメリカから見れば技術レベルを問題にするものではないし、組織が変わっている以上、６１３９８部隊を知っていること自体、明かしても平気だから出した。インテリジェンスの発表というのはそういうものだ。本当に重要なことは絶対に出さないし、出すときには情報源がブロックされないことをよく調べてから、発表するなり、漏らすなりする。

だからこのマンディアント・レポートも、マンディアントという会社が自分たちの一存で勝手に出したのではないと見なくてはいけない。大量に持っているデータの中から、アメリカの国益に合う部分を、政府インテリジェンス部門で地位のある人と協議をして、了解を得て出したものだと思われる。

アメリカの上院議員も納税者も、エグゼクティブサマリー（大要）しか読まない。そこだけ読めば、中国人民解放軍61398部隊がアメリカの政府機関や企業をサイバー攻撃して情報を盗んでいる。その規模は二〇〇〇人もいる。これは大変だ、もっと予算が要る、対抗するための法整備もしなくては、となるわけである。

マンディアント・レポートの意義は、こうした国内世論の喚起、方向付け、国内の納税者に対する説明といったことになる。

加えて、中国に対するメッセージであった可能性もある。「おまえたちが侵入しているのは知っている。いいかげんにしないと怒るぞ」というシグナルを送ったのだ。実際、このレポートが出てしばらくは、中国からの攻撃が低下したらしい。もっとも三カ月ほどすると、またもとに戻ってしまったということだが。

アメリカが中国軍将校五人を訴追したことの意味

アメリカが本気で怒って、中国の横っ面《つら》を張り飛ばしたような出来事が発生したのは、二〇一四年五月のことだ。中国人民解放軍の五人を名指しでサイバー攻撃の産業スパイ容疑で訴追したのである。

この五人に対する嫌疑は、二〇〇六年から二〇一四年にかけて、民間企業などにサイバー攻撃を行なって企業秘密を不正な手段で入手したというものだった。

被害を受けたのは、製鉄最大手の企業であるＵＳスチール、アルミニウム製品メーカーのアルコア、宇宙航空から医療機器まで最先端機器に必須の特殊金属の生産・加工で知られるアレゲニー・テクノロジーズ、原子力産業のウェスティングハウス、太陽光発電のソーラーワールド、そして全米鉄鋼労働組合の六社とされている。

訴追された５人の中国人民解放軍将校たち。FBI ウェブページより

　このうち、ソーラーワールドがドイツ企業のアメリカ法人であるほかは、いずれもアメリカが本拠の企業と団体だった。

　とはいえこれは外交上、きわめて異例な行動だった。外国の軍人の顔と名前を全世界にさらして犯罪者扱いすることは、通常の外交ではありえない。明らかに「いいかげんにしろ」「怒っているぞ」というシグナルだった。

　マンディアント・レポートにも後ろのほうに少し人名が出てくる。だが今回は米司法省が、きちんと軍服を着た人物の顔から名前まで明らかにして、裁判にかける旨を発表したのである。意思表示としてははるかに強い。

そして見落とせないのは、この五人を特定してみせたということだ。というのも、サイバー攻撃の最大の特徴は犯人がわからない点である。普通、トレースバックができないからだが、五人の特定は、それができたということになる。

オバマ大統領は徹底した慎重派なので、おそらく「本当に大丈夫なのか?」と、念には念を入れて確認しただろう。万が一にも、中国が逆手に取って、怒鳴り込んでくることはないか、とことん検証させたはずだ。「絶対に大丈夫です」という言質《げんち》をとらないと肯《うなず》かないと噂されるオバマ大統領をして訴追を認めさせたくらいだから、相当のエビデンスがあったのだと思われる。

さて、アメリカが、どうやったかだが、おそらく囮《おとり》のサーバーを用意し、そこにいかにも中国人が関心を持ちそうなファイルを置いておく。もちろんそれは罠で、そのファイルには、あとで遠隔操作できるようなウイルスがついていたのだろう。

それと気がつかない犯人がそれを持ち帰り、自分のPCを遠隔操作されてカメラをオンにされ、顔写真を撮られたり、メールをすべて入手されたりして個人の特定がなされたのではないかと思う。また、犯人のPC内部を調べれば、彼がアメリカから盗んだ情報が具体的に何だったかもわかるというわけだ。

そして、この訴追には、アメリカも、それくらいのことができるというメッセージを伝えるという意味があったのだと思う。ただ、これは相手に自分の手の内をさらすことになるので、それくらい怒っているぞという意味合いのほうが強いかもしれない。そのあたりはバランスの問題である。

「政府機関が民間から盗むな！」と怒ったアメリカ

この中国人民解放軍の五人を訴追した件で、何がアメリカの逆鱗《げきりん》に触れたかというと、国家が企業の機密情報を盗んだからだ。

ある外国企業が日本企業の技術情報を盗んだら、これはいわゆる産業スパイであって、一〇〇%犯罪行為になる。ところが、国家の情報機関が外国の企業から技術情報を盗んだ場合はどうだろう。これは非常に微妙な問題だ。

アメリカが中国に怒ったのは、インテリジェンスになると犯罪ではなくなってしまう可能性があるからだ。国家が技術情報を盗んで、自国の国有企業が有利になるようにするのは、はたして国家安全保障と言えるのか、ということである。

中国がアメリカ合衆国政府、陸海空軍、海兵隊から軍事情報をダイレクトに盗むのだったらアメリカも文句は言わない。自分たちもやっているからだ。インテリジェンスはお互いさまなので、言わないことになっている。

アメリカは、中国の政府機関がアメリカの民間企業の情報を盗むことに対して「フェアではない」といって怒っている。ところが中国から見れば、これはインテリジェンスの範疇《はんちゅう》だとしているのだからかみ合っていないのだ。

中国軍が盗み出して国営企業に流した情報によって、中国製のコピー商品が世界の市場に安く大量に出回るとしたら、アメリカ人から見るとフェアではないし、おかしいと憤《いきどお》るのも理解できる。なんと言っても国家レベルの技術をもって攻撃されたら、民間企業は自分のシステムを守れるはずがない。

本書の冒頭で述べたように、インテリジェンスとは、国家安全保障に関する政策決定をするための材料である。安全保障上の必要があれば、友好国や同盟国であっても、インテリジェンスの対象になる。まして敵対関係にあるならなおさらである。だからまず、国家対国家での活動であり、「お互いにやっていること」「お互いさま」だ。暗黙の了解のうえという前提がある。

インテリジェンスと犯罪、そして戦争はまったく別のことだ。この三者は明確に区別されなくてはいけない。

ここで今一度、この三者について整理しておこう。

インテリジェンスと戦争は、国家間で行なわれるものだ。国際的な慣習がルールとしてはたらく。これに対して犯罪はそれぞれの国の法律で禁じられ、処罰されるものだ。人を殺害したり傷つけたりすれば殺傷事件だし、何かを盗み出せば窃盗事件として逮捕され、裁判にかけられる。

かつては個人や民間団体が国を相手に戦争行為をすることは、想定されていなかったのだが、「9・11」で記憶される同時多発テロをきっかけに怪しくなり、今の「イスラム国（IS）」では、境目が完全に揺らいでいる。

現代がさまざまな面で大きな変換期にあることは間違いない。そうなった大きな理由の一つがサイバー化なのだ。

インテリジェンスは安全保障に資することを目的としているから、戦争とも関わってくるのだが、両者を峻別《しゅんべつ》して理解することが重要だ。

「交戦資格」という規定

インテリジェンスにはプロパガンダのような活動も含まれるから、両者は混同されがちだが国際法との関係から見ていくと、違いがはっきりする。

戦争では、あらゆる軍事組織が守るべき義務が明文化されている。戦時国際法によって、陸海空の交戦法規が規定されているのだ。たとえば「爆弾を使う際には無辜《むこ》の民を殺傷してはならない」「軍事目標以外の民間施設を攻撃目標にしてはならない」「中立国に侵入してはならない」など、さまざまな禁止事項が列記されている。

正確に言えば、ハーグ条約、ジュネーヴ条約などさまざまな条約や慣習によって成り立っているもので、戦争法規として完全に体系化されているわけではないし、現実的には「勝った者勝ち」が通用している状態ではあるのだが、それでも基本的には明文化されている。

そんな戦争法規の一つに「交戦資格」がある。戦争行為は個人的なケンカではないので、戦っていい人とそうでない人が決められているのだ。戦っていい人は人殺しの罪に問われず、そうではない人は無意味な暴力から保護されるわけだ。

交戦者の資格として、「公然と武器を携行すること」や「制服や戦闘員とわかるマークをつけること」「責任あるリーダーに率いられること」「戦争の法規と慣例を遵守すること」と四つの条件が定められている。

つまり、個人が勝手に戦うのはダメで、きちんと指揮官がいて組織として行動し、卑怯《ひきょう》なことはしてはいけないという理念があるわけだ。いわば交戦資格は、戦争が野放図な暴力行為にならないように、という枷《かせ》である。

昔、「自衛隊はいらない」という作家と論争になったことがある。

「外国から攻められたらどうするんですか?」

「いや攻められないようにすればいいんですよ」

「攻められないよう手立てをしていても、相手が攻めてきたらどうするんです?」

「いや、だから攻められないようにするんです」

と、埒《らち》が明かない。堂々巡りの議論の末に、彼は「攻められたら、国民一人ひとりがみんな武器を持って立ち上がるんですよ」と言った。

だが、これは論外だ。交戦資格を欠いているから、そんなことをすると立ち上がった全員が戦争犯罪人になってしまう。もし、自分の町が戦場になったとき、愛国心に燃えた人が自宅から猟銃を持ち出して、ものかげから侵略者を勝手に撃って捕まったとすると、裁判抜きでその場で射殺されても文句は言えない。

国際法はサイバーの世界にも適用できるか

こうした国際法上の戦争法規の中に、インテリジェンスに関わる規定はない。つまり戦争にはルールがあるけれども、インテリジェンスには、ない。ここに大きな違いがある。

したがって、相手国の大使館に忍び込んで写真を撮ってくるのはいいか悪いか、国際的なルールがない。ここがインテリジェンスのもっともおもしろく、かつ、わけがわからないところになってくる。

インテリジェンスは戦争とは違う。しかし、軍事力で戦争をしていた時代から、情報力で戦争する時代へと変化している。インテリジェンスは情報を取り、分析するだけではなくて、相手を操作することも含まれるから、ますますわかりにくくなっている。


しかも、サイバーの時代である。

これまで述べてきたように、国や企業の基盤がコンピュータとネットワークによるシステムに依存するようになった現在、情報は物理的な面に影響を与えることができるようになった。電力のシステムを攻撃したり、国家機関のシステムをダウンさせたりできるようになったからだ。

だがサイバー攻撃をする際、交戦資格はどうなるのだろう。軍服を着てＤｏＳ攻撃をするのはよいが、私服ではいけないというのか。サイバー攻撃において「公然と武器を携行する」とは一体どういう意味になるのか。

それを考えただけでも、すでに戦争法規の一部は破綻《はたん》している。

国際法がサイバーの世界ではどのように適用されるかを明確化することを目的に、NATO（北大西洋条約機構）の専門委員会が二〇一三年に作成した『タリン・マニュアル』という文書がある。エストニアの首都タリンに、専門家が集まって議論したことでこの名がついた。

私がこれを入手したとき真っ先に開いたのが、この交戦資格に関する部分だったのだが、そこには「議論が分かれた」と書いてあった。正直に「適用できない」と書けばいいのに、と思ったものだ。

あくまでも憶測にすぎないが、この『タリン・マニュアル』には、アメリカの意図が反映しているように思える。

『タリン・マニュアル』に透けて見えるアメリカの都合

ここがインテリジェンスにつながるのだが、現代の国際政治の水面下で、各国はお互いにインテリジェンスを仕掛けている。情報戦争に対して、情報戦闘とでも呼べばよいだろうか。

たとえばＣＩＡはインテリジェンス機関だけれども、アメリカの国益に沿う外国の反政府勢力に資金援助をしたり、クーデターを起こさせたり、非合法活動をしているのは周知の事実だ。つまり、彼らは単に情報を得るだけでなく、操作もしている。

そうした活動をサイバーにも適用しようとすると、ルールをあまり明確にしてほしくない、ということだろう。タリンに集まった専門家は、基本的に米海軍大学の教授が招集した人たちだった。もちろん、集まったそれぞれの専門家は単なる彼のイエスマンでもないし、それだからこそ「議論が分かれた」という記述が散見されるわけだが、サイバー攻撃は自衛権行使の対象となるという見解を示しつつも、厳格なルールは望ましくない、できるだけ規制をしてほしくないという意向が、『タリン・マニュアル』では見え隠れしているように感じるのは私だけだろうか。

こうした議論になると、ロシアや中国は、インターネットにもきちんとしたルールを作るべきだと主張する。

サイバーの時代に対応する国際法の枠組みをどうするかという問題なのだが、インターネットの規制の問題とセットになるからだ。

つまり、インターネットが野放図な無法地帯にならないよう、各国は責任を明確にすべきだ、自国内をしっかりコントロールしなくてはいけないという論点が必ず出てくる。その意味でロシアや中国は、もっともなことを言っていると私は思っている。最近のサイバー犯罪は目に余るからだ。

一方、アメリカは、「インターネットは自由なもの」という理念を持ち出してきて、国家の規制は不要だ、このままにしようと主張する。こちらもまたもっともな意見だが、裏を返せば「今のままのほうがアメリカには有利」ということだろう。

先にも少し触れたように、インターネット上のデータの八〇％はアメリカを経由する。そして、スノーデン事件で暴露されたように、インターネットを流れる情報を監視する仕組みがある。つまり、実質的にアメリカが支配している現状があるわけだ。

とすると、政治的な思惑からも、ことさら規制を持ち出したくはない。つまりアメリカとしては、今のままのほうがいい、ということになる。国際法に縛《しば》られることもないからだ。

一方で、しっかり規範を作れと迫るロシアや中国は、強圧的に国の言論を統制している関係上、インターネットがあまりに自由であることは不都合である。実は彼らはすでに国内のネットワークを統制するシステムを持っていて、実際に統制しているわけだから、国際的なインターネット規制に関する合意ができれば、堂々とそれらを利用できる。

そして「どうしよう」と右往左往しているのが第三のグループだ。つまり「ルールを作ろう」「規制しよう」と言うべきかもしれないが、実施となると予算がかさむから困るとか、アメリカの機嫌を損ねるからまずいとか、一枚岩ではない各国がいて、様子を見ているのが現状だ。やはり、と言うべきか日本もこの第三グループに含まれる。

繰り返すが、サイバーに関する国際的なルール作りについては、アメリカは必ずしも積極的ではない。技術的な優位を鑑《かんが》みれば、ルールが明確になることによるアメリカの利益は少ないからだ。一方、中国やロシアといった国々は、インターネットを規制することに対して何の躊躇《ちゅうちょ》もない。

要するにサイバー・インテリジェンスの背景に、国益を追求している各国の思惑や行動があるということだ。

アメリカの「ルール」はどこへ向かうか

本章で述べてきたことを、まとめておこう。インテリジェンスと戦争、犯罪は従来まったくの別物であり、境界はある程度はっきりしていた。

しかし、サイバー技術は非常に匿名性を高くすることが可能だ。トレースバックして犯人を特定できないとなれば、国家レベルの意思がからんでいるのか、単なる金銭目的の犯罪者が裏にいるか。それすらわからないから、サイバー攻撃を戦争行為なのか、単なる犯罪なのか峻別することさえ難しい。そうなれば、反撃できないし賠償《ばいしょう》させることもできない。まして国家の意思に基づく金銭目的の攻撃があるとすれば、これはどう理解すべきだろうか。

これらのことによって、さまざまな境界が揺らいでいる。ここまで例に挙げてきた事例は、いずれも一種のインテリジェンスに見えるし、あるいは情報戦争にも見える。国家対国家の活動だったインテリジェンスが、国家対企業になった場合、従来同様に暗黙の了解ですむかどうかと言えば疑わしい。

こうした中、アメリカはそうした曖昧《あいまい》さに対して、ルールを変更したのだ。それが北朝鮮に突きつけた「疑わしきは罰する」というメッセージであり、中国にも五人の訴追を通じて同じようにアメリカの意思はこうであるというメッセージを送ったのである。

経済力もさることながら、やはり強大な軍事力の裏付けがあるから、アメリカは自分の都合でルールを変更することができるのだろう。力の伴わない正義は無力だという言葉がある。そして、今回のアメリカの行動こそ、彼らの考える彼らにとっての正義なのかもしれない。

「アメリカのルール」がどこに向かうのか、サイバーの時代、強大な国家によるインテリジェンスのありかたを懸念させるような事件も起きている。次章では、その一つとしてスノーデン事件について述べてみたい。

第3章

個人の情報はすべて見られている

スノーデン事件の衝撃

米国家安全保障局（NSA）が、インターネット上の通信を傍受、有り体に言えば、〝のぞき見〟していたことが暴露されたのは二〇一三年六月のことだ。エドワード・スノーデンという、NSAで働く二九歳のネット技術者による告発がイギリスの『ガーディアン』紙に載った。

動かぬ証拠として、NSAが〝のぞき見要員〟の養成用に作った内部文書などが示され、アメリカによる組織立ったインターネット上の情報収集が、きわめて大規模に行なわれていることが暴露されたのだから世界中が大騒ぎになった。

情報収集には、マイクロソフト、グーグル、ヤフー、フェイスブックなど、錚々《そうそう》たるインターネット関連企業九社が協力し、NSAはそれぞれのサーバーにアクセスして、蓄積されたデータを検索することができた。

対象とされるデータはメール、検索履歴、通信記録、画像、動画、その他とされていたから、インターネットを利用するあらゆるデータが監視対象であり、これらのデータは選別のうえ、記録されていたのである。これらを総括する仕組みがPRISM

PRISM に関する NSA 内部資料

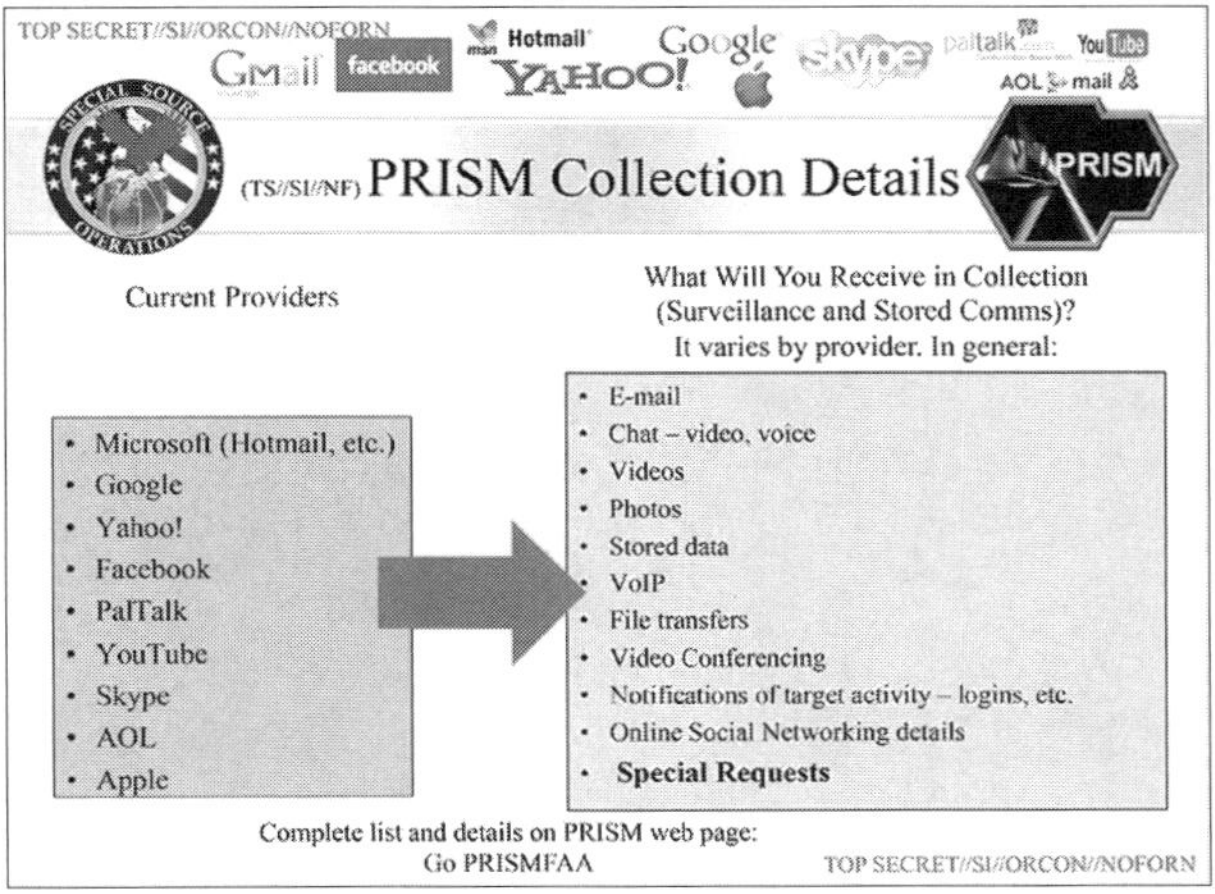

（プリズム）という名称であった。

実名の挙がったインターネット企業はそろって「法律に基づく命令があった場合を除いて、政府に対して顧客データを提供していない」という声明を出し、アメリカ政府は「テロとの戦いのために、法に従って運用している」と弁明して、火消しに大わらわになった。

だが後述するように、〝のぞき見〟していた事実は認めざるを得なくなって、あらためてサイバー時代の情報収集、そしてそれに関する国家のありかたについて、激しい議論を呼ぶことになった。

このスノーデン事件の持つ意味について考えてみたい。

年俸二〇〇〇万円を得ていたというスノーデン氏だが、逮捕されて国家反逆罪に問われれば終身刑になる可能性が高い。残りの人生が刑務所暮らしになることを覚悟してまで、「国家の不正義」を明らかにしたのは、正義感からだったといわれる。インターネットは万人に自由をもたらすもの、という理想が、国家によって踏みにじられたことが許せなかったから告発したというのである。

そんな彼の経歴だが、特別に変わったものではない。一九八三年にアメリカのノースカロライナ州で生まれ、父親は元沿岸警備隊員、母親は連邦地裁事務副主任。姉は弁護士になっている。高校は中退したものの、高卒資格をとって地元のコミュニティ・カレッジ（公立の二年制大学）に入り、コンピュータを学んだ。二〇〇四年、「国際テロリストと戦う」ことを目指して陸軍に入隊、情報工学の技術担当兵としてイラク戦争への派遣を志願していたが、訓練中に両足を怪我《けが》したために除隊している。

二〇〇五年、NSAにメリーランド大学言語研修センターの警備員として雇われたが、ネット技術を独学した〝ネットおたく〟だった彼は、技術者として評価されたらしい。二〇〇六年にはCIA職員に雇用されてコンピュータ・セキュリティに携わり、スイスのジュネーヴにも派遣されている。

二〇〇九年にCIAを辞めてからもデルや、ブーズ・アレン・ハミルトン（コンサルティング会社）に契約社員として雇われ、CIAやNSAにも出向していた。NSAに出向しているときは、日本でも勤務したことがあるという。

「サンデビル作戦」への反省

真面目で理想家肌、正義感にあふれた人物が、情報機関で働くうち、国家が過度な監視をしていることを知って葛藤《かっとう》の末に告発した、ということらしい。高額の年俸は自分の技術を切り売りした対価だ、クライアントの注文に応《こた》えるのが自分の仕事だとドライに割り切れるタイプではなかったようだ。

やや余談だが、そんな生真面目ともいえる彼が、NSAやCIAといった情報機関で働くようになった背景には、アメリカ政府による「サンデビル作戦」の反省があったのではないかとも思われる。

サンデビル作戦とは、一九八九年から翌年にかけて実施された全米ハッカーの一斉検挙だ。FBIやNSAなど連邦政府の捜査機関や情報機関が組んで、リストアップした違法なハッカー（すなわちより正確にいえばクラッカー）を急襲した。ある朝、銃を持ったFBIの捜査官が突然ハッカーたちの住まいに飛び込んできて、全部で二〇〇人ほどのハッカーを検挙した。

その目的は「勝手にコンピュータに侵入するような、ハッカーという反社会的集団が存在する。社会にとって危険な連中だ」と認知させることとされているが、本当の目的は人材の獲得だったらしい。

インターネットが広く普及するようになる少し前だったが、当時すでにパソコン通信を介して、政府や軍のコンピュータに侵入される事件も発生していた。こうしたサイバー攻撃への対応は、当時のアメリカ政府の急務だった。とはいえ人材は足りない、養成している時間もない。そこで、ハッカーたちを捕まえて、政府のために働かせようとしたのである。

ご承知のように、アメリカには司法取引という制度がある。捕らえたハッカーたちに「ブタ箱に入るのがいいか？　それとも犬になるのがいいか？」と迫ったところ、全員が「犬になります」と答えたらしい。こうして全員を政府の職員として雇ったという、冗談のような話である。これがサンデビル作戦だった。

その数年後だが、私が仕事で渡米した際、アメリカの国内線の機内で雑誌を読んでいたら、たまたまサンデビル作戦を指揮した人の手記が載っていて、「これは大失敗だった」と書いてあった。なぜかというと、「どいつもこいつもみんな犬になったふりをして国を裏切っていた」というのである。だが、それは当たり前だろう。もともとみんな犯罪者、あるいは犯罪傾向の高い人々なのだから。単に刑務所に入りたくなかっただけなのは明らかだ。

サンデビル作戦でスカウトされたハッカーかどうかは定かではないが、こんな話もあった。クレジットカードのセキュリティを盗んで偽造し、荒稼ぎしているハッカーがいたのだが、なかなか捕まらない。実は、このハッカーはサイバー犯罪担当のFBI捜査官の隣に顧問として座っていたのである。

だから隣を見ると、自分に対する捜査状況がいつもわかる。しかも捜査官から相談を受けて、助言もしていたというのだから捕まるはずがない。それでも最終的には逮捕されたのだが、それはあまりにも儲かって羽振りがよすぎたので裏社会で妬《ねた》まれ、密告されたのだという。捜査官が密告者に犯人の名前を聞いたら隣に座っているFBI顧問だったというのが、この話のオチである。

善意と正義感だけが動機なのか

サンデビル作戦の反省から、やはり「犯罪者」だの「犯罪傾向のある連中」だのを、治安や安全保障に関わるような重要な業務に使うのはまずいとアメリカ政府が考え、もっと真面目な人をリクルートするようになったのだろう。

「国際テロリストと戦う」ことを志願して陸軍に入ったスノーデン氏は、たしかに愛国心にあふれる人物だったが、生真面目すぎた。自由でフェアなアメリカは、道徳的で正義を全《まっと》うする国家だと信じていたのに、実際は際限なく広範囲の盗聴をしていた。こうして、愛する祖国に裏切りをもたらした情報機関は許せないという正義感からNSAを告発したとされる。もし、お金が目的ならもっとうまいやり方があったはずだから、たしかに生真面目すぎた善意の人の行動なのかもしれない。

もっとも、これらの情報は彼自身の言葉、およびそれを取材したジャーナリストによるものだ。インテリジェンスの立場からは、ことはそう単純でないという見方もできる。

スノーデン氏は善意の人かもしれないが、結局、中国にうまく利用されただけではないのか。そうでないなら、なぜ中国・香港で発表したのか。自分の意思であれば、アメリカで衆人環視の中で発表してもよかったのに、わざわざ香港に行って、『ガーディアン』紙の記者に執拗《しつよう》にコンタクトをとったのは、何か理由があるのではないか。

さらに「とっくに中国のスパイになっていたのではないか」という可能性を指摘する人もいる。実際、中国は工作活動によって、各国のさまざまな人物にリクルートをかけているのは有名だ。彼の場合はその真面目さが災いして、工作活動にかかってしまったのではないかというのである。

そんな説が出たのも、暴露されたのが米中会談の直前というタイミングだったからである。『ガーディアン』紙に載ったのが六月六日、翌日七日に中国の習近平《しゅうきんぺい》国家主席が訪米して、オバマ大統領と会談する予定であった。この会談では、アメリカに対する中国のサイバー攻撃が話題にのぼるはずだったのだが、この暴露によってそれがうやむやになってしまった。

あまりにも中国に都合のよすぎるタイミングだったので、「この時期に言え」と中国が指示していたという説で、これにも一定の説得力がある。

さて、暴露にいたった理由や経緯の本当のところは不明だが、アメリカ政府によってインターネットにおけるきわめて広範囲な情報収集が行なわれていることは事実だった。

インテリジェンスの世界では、政府機関が他国の情報を取るのは当たり前である。何度か述べたように、国家は他国の諜報を問題にして騒がない。今回、なぜ各国がこぞって文句を言ったかといえば、ポイントは「フェアではない」という点だろう。まあ、国民に対してはアメリカに抗議するというスタンスは政治的に必要でもあるが。

アメリカ政府当局からパスポートを剝奪《はくだつ》され、逮捕命令が出たスノーデン氏は、その後、香港からロシアのモスクワに渡って同国内に滞在中である。ロシア移民局から期限付きながら滞在許可証が発給され、更新も認められて二〇一七年七月までの居住権を得ているという。

シリアのアサド政権を擁護したり、ウクライナをめぐってクリミアに侵攻するなどしたロシアのプーチン大統領が、アメリカ政府と対立姿勢を強めていることも、こうした彼の処遇の背景にあるようだ。

「テロとの戦い」なら何でも許される

スノーデン氏によって暴露されたＮＳＡの内部文書の一部は、のぞき見要員の養成用に作成された、パワーポイントによる四一ページのファイルだ。その内容は、しばらくネット上でも見ることができた。107ページに示したのは、当時、ダウンロードしたものだ。

本章の冒頭でも触れたように、ＮＳＡはＰＲＩＳＭという仕組みを使って、メールの内容から、いつ誰が誰にメールを送ったか、何を検索して、どんなサイトを見たか、どんな画像や動画をやりとりしたかといったデータを収集していた。そしてそれらを分類し、重要度に応じて保存していたのである。

オバマ大統領は、暴露から一〇日ほど経って「ＰＲＩＳＭを使った活動は、外国諜報活動監視法（the Foreign Intelligence Surveillance Act）に基づくもので合法的です」と、テレビのインタビューで述べている。

この法律は、外国の情報機関やスパイの活動を監視する際の手続きを規定するものだが、二〇〇一年の同時多発テロのあとに成立した「愛国者法」などによって改正され、テロ対策について、捜査機関の権限は強化、拡大されてきた。

本来、監視が許されるのは、いつ、誰と誰が通信したというメタデータで、通信の内容を見ることは許されないことになっている。メタデータとは、作成や通信の日時、相手方、ファイルの形式といったデータの特徴を集めたデータのことだ。捜査機関が通話や通信を電子的に監視するときは、アメリカに対する諜報活動や国際テロ活動への関与が疑われる人物について、外国情報監視裁判所（ＦＩＳＣ）に令状を申請し、認められた場合のみＦＩＳＣが令状を発行する。

日本にも通信傍受法があって、捜査手段としての通信傍受の要件、手続きについてきわめて厳しく規定されていることはご存じかと思う。対象になるのは、薬物犯罪、銃器犯罪、集団密航と組織的に行なわれた殺人のみで、かつ通信傍受が必要不可欠という場合に限定されている。その要件を満たしていたら、もう通信傍受は必要なくなるだろうというくらい厳しい。

ちなみに、本書を執筆している二〇一五年七月現在、国会でこの捜査の対象に強盗や窃盗、詐欺、恐喝など九種の犯罪を新たに加える改正案が審議されている。余計なことかもしれないが、世間は安保法制問題で大騒ぎしていて、誰もこちらに注目しているように見えないのも、私からすれば、臭い感じがしないでもない。

さて、アメリカの外国諜報活動監視法も、原則としては同じように厳しい制約があることになっている。ところが現実の運用はまったく違う。

同時多発テロでアメリカ人は心に傷を負ってしまい、どんな傍受でも「テロとの戦い」だと申請すれば、すべて認められるというのである。「ノー」という裁判官はいないのだ。つまり、実質的にはNSAやCIAのやりたい放題になっている。

さらに、電子機器を使用した監視の場合、外国のテロリストやスパイが対象であるなら、令状がなくても監視を認めるという規定もある。

内部文書で見るPRISMの概要

NSAの内部文書によると、電子的な監視手法として「PRISM（プリズム）」と

「アップストリーム」の二つが記載されていた。

あらためてＰＲＩＳＭから説明していこう。これは、対象となるインターネット企業九社のサーバーにアクセスして、蓄積されたデータを自動的に検索、抽出して情報とする。といっても勝手にサーバーに侵入するのではなくて、各企業が政府に協力している。すなわち、サーバーへのアクセス権を政府に認めていたということだ。

九社とは、マイクロソフト、ヤフー、グーグル、フェイスブック、パルトーク（ビデオチャット）、ユーチューブ、スカイプ、ＡＯＬ、アップルで、興味深いのは内部文書に記載された順番だった。最初に政府に協力したのがマイクロソフト、最後がアップルだった。アップルが政府に膝《ひざ》を屈したのは二〇一二年、スティーブ・ジョブズが死去した翌年だ。

余談だが、資料からデータベースを作るときの管理番号を見ると、情報をとってきたサーバーがマイクロソフトならＰ１、ヤフーならＰ２と続く。私が解《げ》せなかったのはＰ８のＡＯＬの次は、普通に考えればＰ９となるはずだが、ＰＡとなってアップルになっているところだ。もしかするとＰ９があったのだが、その企業が抜けたのかもしれない。９までいけば十六進法では次がAになる。たまたまアップルだからちょうどよかったのかもしれないが、本当のところはわからない。

話をもとに戻すと、サーバーから抽出されるのは、メール、チャット、ビデオ、写真、ストリームデータ、音声、ファイル転送、閲覧サイト、検索キーワード、その他すべてが対象で、それぞれの内容のメタデータも含まれる。

テロ活動を対象にした捜査の場合、そのまま全体を覗いてもほとんどは関係のないデータだから、これから必要と思われる情報を抽出していく仕組みが重要だ。ＮＳＡはエックス・キースコア（Xkeyscore）というプログラムを使って、ＰＲＩＳＭなどで収集した情報を検索・分析していた。このようにして蓄積された情報は、さらに階層構造のデータベースに入れられる。

そのプログラムでは、最初の段階で重要でないと判断されたものは捨てられ、残されたものが一つ上の階層に入る。その中から重要と判断されたものがさらに上の階層に移され、そのほかは一定の保存期間の後に捨てられる。この仕組みを繰り返して、上にいくほど重要度が高く、保存期間も長いというピラミッド型のデータベースができあがる。

こうやって抽出、整理されているとメールの検索も簡単にできる。データベースに名前、電話番号、メールアドレス、キーワードといったクエリー（照会要求）を出すと、目的とする情報が出てくるわけだ。サイトの閲覧状況も照会すればすぐにわかるから、こっそりポルノサイトなど見ていたことも丸わかりだ。スノーデン氏をはじめ情報機関で働くＩＴ要員も、こうしたデータベースにアクセスしていたわけである。

この内部文書によると、「可能性がある結果を表示しているので、間違ったものが出る可能性がある」ときちんと書いてある。間違う可能性に言及しているのは正直とも言えるが、裏を返せば、本物のテロリストではない、一般市民の通信が表示されてしまうことを示唆していることになる。

またＰＲＩＳＭでは特定のサイトを監視することもできる。これはテロリストがよく閲覧するようなホームページに集まってきた人を片《かた》っ端《ぱし》から監視できるということだ。

最近、興味を惹《ひ》きそうなホームページ（金儲けとかポルノサイトとか）を立ち上げておいて、カモが来たらマルウェアを落とし込むという、いわゆる水飲み場攻撃が、問題になっているのだが、それと同じ手法である。

囮《おとり》捜査のようなこの手法で、たしかにテロリストも引っかかる。だが、単なる好奇心の人もみんな当局のブラックリストに載ってしまい、それがデータベース化されてしまうというわけだ。

光ファイバーからデータを傍受する「アップストリーム」

PRISMと並ぶ、もう一つの電子的監視がアップストリームである。

アップストリームとは、本来、ユーザーなどネットワークの端末側から、サーバーなどの中心側、つまり上流に向かうデータの流れを指す用語だが、これが光ファイバーケーブルなどから情報を直接収集するシステムの名称にされていた。

序章でも触れたように、アメリカにはネットワークの基幹設備が集中していて、世界中のデータの八割以上がアメリカを経由している。日本国内でやりとりするメールも、多くの場合アメリカを経由しているのだ。

インターネットの根本的な原理はバケツリレーなのだが、人間の行なうバケツリレーが隣の人（つまりもっとも近い人）に渡すのに対して、インターネットはもっとも回線の太いところに渡す。したがってデータは、基幹となる回線が集中するアメリカを通ることになる。アップストリームは、こうした〝地の利〟を生かして情報を盗み出す仕組みである。

東海岸ならニューヨーク付近、西海岸はサンフランシスコ付近という、海底ケーブルの基地局のあたりで、光ファイバーケーブルから情報を収集していたのだ。

ＮＳＡの文書には「（ＰＲＩＳＭとアップストリームの）どちらも使える」と記されていたが、私の個人的見解では、光ファイバーケーブルから情報を抽出するアップストリームよりも、サーバーに直接アクセスするＰＲＩＳＭのほうが楽だと思う。

これには二つ理由があって、第一はアップストリームのような方法ではケーブルに直接触って仕掛けをしなければならないことだ。

電線の場合、信号が流れるときに電流が磁界を発生させるのでそれを読み取る。被覆があっても比較的容易であるが、ケーブルに一本ずつ磁界を読み取るクリップを仕掛けるのはやはり手間がかかる。

光ファイバーの場合、信号が流れても磁界を発生させないから外からはその信号が読み取れないと思われがちだが、そんなことはない。被覆を剝いでファイバーをむき出しにしてから曲げると信号を読み取ることができるようになる。

ただ、通信用のケーブルは一ミリにも満たないような細い線の集合体だから、かなり面倒くさい。もちろん、アップストリームの場合、NSAは通信事業者の設備に直接接続できたわけなので、こんなに面倒なことはしていないはずだが。

いずれにせよ、一度仕掛けてしまえばケーブルなどの設備を更新するまで使えるのだが、手間がかかることは確かである。

第二の理由が、そうやって苦労して盗み出しても、ケーブルに流れるデータ量は膨大で、しかもそのほとんどは目的とは関係のない、アメリカ政府にとってはいわばゴミも同然の情報だから、それらから必要なものを選別するのも大変である。

昔、そのような仕組みとして、核とか毒物とかのキーワードを設定しておき、そのような用語がくるとNSAのコンピュータがそれをピックアップして係官に知らせるという仕組みがあるという話が出た。そこで、アメリカのリベラルな人たちがＮＳＡに嫌がらせをするために、なんでもないメールであってもわざと核とかテロとかの禁止用語を入れるという運動をしたことがある。

その効果だが、たしかにＮＳＡのコンピュータには負荷がかかり、問題発生となったのだが、結局、ＮＳＡはそれを理由に、さらに高性能のコンピュータを導入したので、この嫌がらせはバカバカしくなって放棄されたという。

さて、歴史的にも海底ケーブルを介して情報は盗聴されてきた。大陸間に海底ケーブルが敷設された電信の時代から、インテリジェンスの一環としてされてきたことだから、デジタル情報になっても同様のことが行なわれていたこと自体は驚かない。

ただ、サーバーに直接アクセスしたほうが、どう考えても手間がかからないし合理的だ。私はＰＲＩＳＭが暴露されたとき、「ああ、やっぱり」と思うとともに、アメリカのなりふりかまわぬ「何でもあり」のやり方を見て、情報収集の方法にルール変更があったことを確信したのだった。

機密書類に垣間見えるインテリジェンスの洗練度

蛇足だが、NSAの機密書類がそのまま出たのは初めてなので、さっそく私はさまざまな分析をしたのだが、インテリジェンスについてのアメリカの洗練度が垣間見えて、なかなか興味深かった。

107ページの文書を例に解説すると、冒頭にある「トップシークレット」が、この文書の機密のレベルを示している。言うまでもなく、最重要なので見せてはいけないという意味だが、以降に「SI」、続いて「ORCON」、「NOFORN」と記されている。この部分が文書の解説や扱い方である。

想像してみると、SIは特殊情報（Special Intelligence、あるいはSpecial Information）の略だろう。あるいは、そのままSIGINT（Signals Intelligence）の頭文字かもしれない。いずれにせよ、この文書の内容をどうやって入手したかわかる部分で、SIはおそらくインターネットなどサイバー上から得た情報を指すのだと思われる。他の資料がないので確定はできないが、ヒューミントなど他の方法で得た情報については、ここはSIの代わりに別の略語が入るはずだ。

ＯＲＣＯＮはOriginator Controlだろう。これは文書の扱い方を示している。この文書は、当然ながらトップシークレットを閲覧する権限のある人が見ている。その彼が、他の人物に見せたいと思った場合は、オリジナルを作った人（この場合はＮＳＡ）に問い合わせなさいという意味だ。

つまりこのＯＲＣＯＮが入っていると、たとえ将軍であっても、勝手に部下には見せられない。見せたいときには、オリジナルを作った人に確認を取らなければならないという指定である。逆に言えば、このＯＲＣＯＮが入っていなければトップシークレットを閲覧する権限のある人が、自分の権限と責任の範囲でどう扱ってもかまわない、ということになる。

次のＮＯＦＯＲＮはおそらくNo Foreignerだろう。外国人に見せてはいけない、ということだ。私は、この羅列の最後に国の頭文字が入っているものを、自衛隊資料ではないけれども、公刊された文書で見たことがある。

自衛隊の場合、「機密」とか文書の肩部分に書くだけだったが、このようにアメリカは秘密に関する規則は厳しく、その扱い方も発達している。以前、日本もこれを参考にすべきではないかと、自衛隊の人に見せたのだが、あまり関心がないようだった。自衛隊もすでにもっと進んだ制度に移行していたのかもしれない。

「テロとの戦い」という免罪符

さらに、スノーデン氏が暴露した資料によれば、インターネット企業のサーバーから直接収集するPRISM、光ファイバーから傍受するアップストリームによってサイバー上のデータを網羅するだけでなく、個人ユーザーのパソコンにマルウェアを忍び込ませて監視するという手法もとっているという。

このマルウェアに感染すると、キーボードで打ち込んだ文字も閲覧している画面も、すべて筒抜けになるというもので、全世界で五万台以上のパソコンが感染しているという。

このように、スノーデン事件によって、アメリカが個人の情報をすさまじい規模で集めていることが明らかになった。暴露から一〇日ほどしたころ、批判の嵐のなかでオバマ大統領は、テレビのインタビューに答えて「アメリカ国民の電話を盗聴することはありません。法律で決まっています。裁判所に令状を請求して許可されなければいけません」と弁明していた。

もちろん、個別に令状が必要になるのは、特定のアメリカ人を対象にする場合だけ、という外国諜報活動監視法の規定がある。

だが裏を返せば、外国人に対しては令状がなくても監視の対象にできるということにほかならない。しかも、二〇〇八年に改正された外国諜報活動監視法によって、監視している外国人とのやりとりであれば、相手がアメリカ人であっても令状は必要なくなっていた。

こうしてアメリカ政府は、きわめて広範囲にアメリカ人の個人的な通信を傍受して、テロ行為をはじめ、さまざまな違法行為に荷担していないか、監視できるようになった。

「その成果として、テロを何件も阻止できました」というのが、政府の弁明である。

一方で、年間にテロで何人が死ぬのだろうか、という反論もある。９・11が発生するまでは、一年間にテロで死亡する人は数人だった。それに比べると交通事故の死者のほうがはるかに多いわけだ。ＮＳＡがアメリカ国民を含め、サイバー上を大規模に監視するコストは膨大なものだから、その予算を交通事故防止に使ったほうがいいのではないかという主張もある。

だが、多くのアメリカ人は「そういう問題ではない。テロは許されない」と考える。「テロとの戦い」はアメリカ人の心情にもっとも訴えかけるから、こうした「全世界監視システム」も建前上はテロ対策だ。当然、他の用途にも使えるわけだ。

前章で述べたように、アメリカはしきりに中国を非難するけれども、アメリカだってけっして〝きれいな体〟ではない。一九九〇年代の日米貿易摩擦のとき、ＣＩＡが日本の自動車会社の情報を盗聴していて、交渉を有利にしたとの報道もあった。とはいえ、そうしたことは多かれ少なかれ、どこの国でもやっていた。秘密裏に行なわれていたわけだし、サイバーの時代以前は網羅的に情報収集などできなかったから、防御側の対抗策もあった。

ところが、サイバーの時代になった今、国家はかつてないレベルで情報を取ることが可能だ。国家によるインターネット上の監視は、悪くすると厳しい抑圧の道具になる危険性がある。それに対し、「テロから国民を守るためだ」という、一応、筋が通った説明をしているのがアメリカなのだ。

インターネットが人類に自由をもたらす、政治もメディアも民主化するという理想が、正反対の、度の過ぎた監視社会にもなりかねない。その折り合いをどうやってつけるのか、明快な指針はまだない。

反米テロリストたちに活用される最新技術

インターネットは自由をもたらすツール、抑圧者に抵抗する力になるものと期待されてきた。自由を信奉する人々はもちろん、アメリカという国家もインターネットによる輝かしい未来を待望した。

つまり、インターネットを介して独裁国にも西側の情報が伝わって、民主主義国家（悪く言えば、アメリカにとって都合のいい国家）へと変貌することを目論《もくろ》んだのだ。

だが、思い通りにはならなかった。インターネットは誰にでも「平等」で、便利な道具である。アメリカから見れば、敵であるテロリスト相互の通信に使われるようになってしまった。

アルカイダやイスラム国などは、欧米のメディア経験者をスカウトすることで、インターネットを使ったプロパガンダ技術にも長《た》けている。それは、世界中で兵員を募集したり、自分たちの主義主張を訴えたりするための有効な手段として重宝されているのである。アメリカにとっては大誤算だった。

そして皮肉にも、そのためにより一層、情報監視がエスカレートしていくのである。

一つの例がアメリカの海軍の研究所が作った「Ｔｏｒ（トーア）」という匿名通信ソフトだ。その名称は「ザ・オニオン・ルーター（The Onion Router）」の略で、タマネギの皮は何枚むいても芯にたどり着かないことからきているそうだ。これは本来、独裁国家の人たちが政府から監視されて捕まるのを防ぐために開発された暗号通信の仕組みだったという。

普段、私たちがパソコンなどで使用しているメールには、まず暗号がかかっていない。途中の業者がその気になれば、その内容は読まれ放題である。また、いろいろな接続に関する情報も、業者のサーバーには入っている。こういうものを利用すれば、たとえば、メールの量の比較で送信者と受信者、どちらが上位者なのかなど、仮に中身が読めなくてもさまざまな分析ができるのだ。また、誰が誰に送ったかがわかると、発信者の人間関係がわかってしまう。

このようなことは犯罪捜査には便利だろうと思うが、普通の人から見れば、プライバシーの侵害以外の何物でもあるまい。しかし、アメリカならずとも、政府の法執行機関からの開示要請があれば、インターネット接続会社（ＩＳＰ）も協力せざるを得ないのではないか。

そこで、このＴｏｒというソフトウェアだ。これを利用すると、メールを途中で盗聴されたとしても、その内容が秘匿されるだけではなく、発信元や宛先もわからなくできるのだ。

プライバシー保護や、それこそ圧制者と戦う自由の戦士にとっては、必要不可欠な通信ソフトといえるかもしれない。実は、このＴｏｒの最大のユーザーがアルカイダになってしまったといわれていて、危機を感じたアメリカは、今、必死になってＴｏ ｒの秘匿性を技術的に打ち破る研究に取り組んでいる。まるで、自分で作った最強の盾《たて》をつらぬく矛《ほこ》を開発しようとしている皮肉な状況なのである。

第4章 インテリジェンスは、どう進化してきたか

——技術と思想の歴史

「腕木《うでぎ》通信」を経て「電信」へ

素材となる「情報資料」を集めるところから、インテリジェンスはスタートする。人的な情報に基づくインテリジェンスがヒューミント（HUMINT = human intelligence）、通信傍受など信号情報に基づくインテリジェンスをシギント（SIGINT = signals intelligence）と呼ぶことは、序章で述べたとおりである。

この章では、シギントがサイバー・インテリジェンスへと発展する歴史をたどり、技術革新がもたらした課題などについて述べていきたい。

その昔、伝令に頼っていた通信だが、当時の情報の伝達速度は、人の移動速度であった。馬が利用できればかなり早くはなるが、それでも馬の速度がすなわち情報の伝達速度である。これは古今東西、シーザーの軍隊でも織田信長《おだのぶなが》の軍隊でも、長い間、ずっと同じであった。あえて言えば、狼煙《のろし》や篝火《かがりび》、太鼓というものもあったが、送ることのできる情報の量はきわめて制約されていた。

ところが、十八世紀末にフランスで、腕木通信と呼ばれる通信手段が発明された。

腕木とは、三本の棒を組み合わせ、それを動かすことで多様な信号を送れるようにしたものである。通信塔に設置した腕木を動かしてそのパターンで文字を表わし、隣接する通信塔ではそれを望遠鏡で読み取ることで、情報をバケツリレー式に伝達したのである。原理としてはインターネットのご先祖様ともいえるものだった。

　この腕木通信の重要性に気がついたナポレオンは、フランス中の要所の丘に通信塔を置いて、腕木通信網を整備したといわれる。インテリジェンスにとって、これは画期的なことだ。かつてなら馬に乗った伝令が、半日とか一日後にパリまで届けていた情報も、数時間後にはナポレオンのもとに届く。たとえば「ドーバーにイギリス艦隊現わる」といった情報も、格段に早く届くのである。

腕木通信機
（復元／中野明氏提供）

　戦争であれ外交であれ、相手の意図がわかっているほうが絶対に有利になる。当然のように、この通信を傍受する諜報活動も行なわれる。望遠鏡で覗かれることはわかっているから、通信は暗号で行なわれ、それに伴って解読法も発達するのである。

十九世紀になると電気を通信手段として使う研究が急速に進んだ。実用化されて普及したのは、短点（・）と長点（—）を組み合わせたモールス符号による電信だ。十九世紀半ばに大陸間が海底ケーブルでつながれて世界的な通信網ができあがると、ほとんど同時にこの電線から情報を傍受するようになった。電気信号の傍受による情報収集の始まりである。

海底ケーブルと暗号解読技術の発達

読者の中には、小学校の理科の時間、電池につないだ導線を断続すると電磁石で鉄片がカチカチと音をたてる仕組みを作った人もいるかもしれない。まさしくこれが電信の原理だ。

理科の実験では、電池のプラス、マイナスから二本の電線でつないでいたけれども、最初に実用化された電信は、片側の電極を地面に接地（アース）することで、一本の電線で信号が送れる仕組みだった。

一本の電線と地面の間に現われる電圧で信号を伝えていたのだが、これは通信を傍受する側にとっても便利で、通信線を見つければ近傍から傍受できたのだ。また、電線に電流が流れていれば磁界が発生するから、相手の電線を切らずに磁界を拾うことで盗聴する技術も開発された。このように盗聴技術は有線電信の時代から磨《みが》かれてきたわけだ。

電信網の実効性をもっとも享受したのが、帆船の時代から各地に植民地を持っていたイギリスだ。帆船による信書のやりとりで半年、一年とかかっていたものが、大陸間に通信線が引かれたことでほとんどリアルタイムになったのだから。

情報の重要性を知っているからこそ、イギリスは、通信線はまさしく生命線であると真っ先に気がついて、植民地を広げるたびに海底ケーブルをどんどん敷設していくのである。インド、アフリカ、香港、上海と地球規模の電信網を作っていった。

さらに、自分たちが海底ケーブルを敷設するのみならず、他の国が同じことをしようとすると理由をつけては邪魔をしていたと言われている。その裏には、海底ケーブルを通る情報をイギリスが傍受しているという理由があった。イギリスのケーブルしかなければ、他国も利用するわけだから、確実に傍受できる。

大英帝国に栄華をもたらしたインテリジェンス能力の高さに異論はないだろう。それを担保していたのは、海底ケーブルを確保するという戦略性であり、傍受して暗号を解読する能力だった。

情報戦、通信戦としての日露戦争

日本は明治維新からわずか四〇年ばかりで、白人国家・ロシアに勝って世界を驚かせたのだが、この勝利には日英同盟が重要な役割を果たしていたことは序章でも述べた。

大西洋やインド洋の主要な港はイギリスが押さえていたので、回航されてくるバルチック艦隊に入港を許さず、位置情報から艦船の数や種類などは、本国を介して日本に伝えられていた。だから日本はバルチック艦隊がどこにいるのか、つねに把握していた。

これにより、日本近海にやって来そうな時期に向かって、戦力が最大限になるように計画が立てられるのだから非常に重要なことだ。

戦争の帰趨《きすう》が、情報やインテリジェンスに左右されることは、孫子の時代から明らかだったが、地球を半周するような規模で情報が伝えられ、それを生かして戦闘が行なわれるようになったのだ。

日露戦争に際して、日本も海底ケーブルを韓国との間に張っていた。日本の司令部は大陸にあったので、政府や軍中央との通信のためだった。インテリジェンスには通信網が必須であることは、もはや常識だった。

無線電信が実用化されたのは二十世紀に入って間もないころだ。当時の無線機は火花式と呼ばれるごく初期の形式だったが、いち早く無線機を採用して、その有用性を世界で初めて示したのが日本海軍だった。日露戦争の日本海海戦の時点で、駆逐艦以上の全艦艇に無線機が装備されていたのである。

一九〇五年五月二十七日未明、哨戒《しょうかい》中の仮装巡洋艦「信濃丸《しなのまる》」がロシアのバルチック艦隊を九州西方沖で発見、いち早く暗号電報を打電した。

「信濃丸」からの通報を巡洋艦「厳島《いつくしま》」が中継して、東郷平八郎《とうごうへいはちろう》連合艦隊司令長官が座乗する旗艦「三笠《みかさ》」へと伝え、日本海海戦が始まるのである。戦闘中も各艦の間で情報交換に活躍し、連合艦隊の行動に大きく寄与したのだ。

一方のロシア艦隊にも無線機は装備されていた。しかもドイツ・テレフンケン社製の世界最高とされる無線機を持っていたから、日本の通信がにわかに活発化して、さかんに電波が飛び交う様子をロシアもキャッチしていたという記録がある。内容はわからなくても通信量の増大で、自分たちの行動が察せられたことがわかる。ロシア艦は、電波を発して妨害したという。これが世界最初の電子戦だとされているが、ロシアの通信士は、指揮されて妨害したわけではなく個人的な行動だったようだ。

ロシア艦隊の司令長官・ロジェストウェンスキーが新しい技術を嫌ったこともあって、無線機はほとんど活用されなかったのだ。

第二次世界大戦は高度な情報通信戦

二十世紀は、無線通信の技術が急速に進んだ。第一次世界大戦後、短波帯（三〜三〇メガヘルツ）の電波が、地表と上空の電離層との間を反射しながら伝わることが発見されると、長距離通信、国際通信の主流は短波になった。

電波はキャッチされてしまえば傍受できるのだから、暗号化する必要がある。強力な暗号による防諜技術と、敵の暗号に対する解読技術が発達していった。

こうしてインテリジェンスの情報収集活動に、無線傍受と暗号解読は必須となり、専門的な機関が登場するのである。

第一次世界大戦でイギリスは、数学者や語学の専門家を集めた暗号解読を専門とする「四〇号室」を海軍省内に設置している。政府暗号学校など組織の改編、統合などを経て、後に政府通信本部（ＧＣＨＣ）としてシギントを担当する諜報機関となった。

第一次世界大戦当時のアメリカは、まだ暗号解読の水準が低かった。それを挽回しようと「ＭＩ８（陸軍諜報部第八課）」を創設している。

こうした組織が源流となって、第二次世界大戦中に英米間に通信傍受協定が結ばれて協力体制ができあがり、ほどなくアメリカを中心にエシュロンと呼ばれる軍事用の通信傍受システムへと発展していくのである。

第二次世界大戦は、新しい時代のインテリジェンスの戦いであり、かつてない高度な情報通信戦となった。シギントが非常に重要になったのである。

アメリカは日本の電波を傍受しているし、日本もアメリカの電波を傍受していた。ミッドウェー海戦で日本は空母四隻を失い敗戦への転機となったのだが、この海戦で敗北した理由が、日本の暗号通信をアメリカが傍受・解読していたためと聞いた人は多いと思う。この説が広まったため、通信傍受ではアメリカが一方的に勝っていたと誤解している人がいるかもしれないが、日本もアメリカの電波をきちんと傍受していたのである。

無線通信を傍受して具体的にどういうことをしているかというと、まずコールサインの分析だ。コールサインとは、基地局の識別信号、すなわち無線における名前だ。どんなコールサインの無線局がいるのかを調べ、さらに電波が発信された方向をチェックする。また、距離が十分に離れた二カ所で受信すれば、それぞれで測定した方位の交差したところが電波の発信源と推測できる。

ある地点から電波がたくさん出て、他方からはあまりないとなると、当然、電波が多い地点が怪しい。ある部隊が行動しようというときは、当然、その部隊に関係する通信量が増えてしまうからだ。こうした手法を通信量解析というのだが、これは日本も高いレベルで行なっていた。日本の通信量解析はすぐれていて、かなりアメリカの動きを知っていたとされる。

また逆に攻撃するときは、動きを察知されないために、電波をできるだけ出さないように無線封鎖していて、それが奏功したのが真珠湾《しんじゅわん》攻撃だった。

通信を傍受していても暗号がかかっているので、内容はわからない。第二次世界大戦中、アメリカは日本の暗号を解読していたのだから、この点で日本は遅れをとったと言われている。ただ、日本もアメリカの暗号を解読していた可能性は否定できない。敗戦の段階で、傍受や暗号解読に携わっていた人たちは、機材を壊し、書類を焼き、すべての資料を破棄して、名前も変えて隠れたから、日本のインテリジェンス能力はどこまであったかというと、本当のところは、いまだにわかってないのである。

もっとも、敗戦は何よりも明確にインテリジェンスの失敗を示しているとも言えるのだが、本来であれば何がどこまでできていたのか、何が足りなかったのか、検証があってしかるべきだと思う。

解読不可能と言われたドイツの暗号機「エニグマ」

第二次世界大戦中、解読不可能とも言われていたのがドイツのエニグマ暗号である。

エニグマは電気式の暗号機械で、一字打つたびに転輪がカチッ、カチッと回転して文字をずらしていく。その際、一文字ごとにずらし方が変わるのだ。たとえば一字目は一字ずらす、二字目は三文字ずらす、三字目は六文字ずらすといった具合である。

転輪は三枚あって、端の転輪が一回転すると隣の転輪が一目盛り回るので、ずらし方が非常に長い周期の乱数列のようになる。なおかつ、転輪の配列は定期的に更新されていた。

イギリスでは暗号通信の傍受と解読のため、ブレッチリー・パークの政府暗号学校に数学者が集められ、必死に解読に取り組んだ。だが、糸口も見つからないまま時間が経っていった。その間、ドイツの潜水艦Uボートによる無差別攻撃で、イギリスに向かう輸送船が片端から沈められてしまった。その被害は、毎月五〇万トンにも上っていたというから尋常ではない。

イギリスの食料備蓄が尽きかける寸前、一九三九年の秋になって、とうとう数学者たちの努力が実って、解読に成功するのである。この解読の責任者が、現代のコンピュータの基礎を作ったと言われるアラン・チューリングである。

彼らは、どのようにしてこの解読不可能といわれた暗号を解いたのか。

実は、イギリスはエニグマの実物を手に入れていた。イギリスの軍艦がドイツのUボート（潜水艦）を攻撃して突入し、エニグマを奪ったのである。

これを題材にした『U―571』というハリウッド映画をご覧になった方もいるかもしれない。映画ではアメリカの潜水艦が、Uボートごとエニグマの奪取に成功するものの、帰投中に本来、味方であるアメリカの駆逐艦に見つかって追い回される。ドイツの潜水艦をアメリカ人が操艦しているものだから、艦を操作するにもドイツ語がわからない。どのバルブを開けるのか閉めるのか、正しいバルブはどれなのかさっぱりわからない。数字はわかるけれども、あとは何が書いてあるのか理解できないというやりとりがおもしろかった。

もっとも、史実ではイギリス軍がエニグマ奪取に成功したのだから、「いかにも自分の手柄話みたいにしやがって」とイギリス人が怒ったという話もある。

ともあれ、実物を入手したのなら、解読できそうに思うかもしれないが、それでも容易には解読できなかったのがエニグマだった。なぜかというと、暗号化のアルゴリズムと、それを復元するための鍵という、二つの原理からなる暗号（これは近代暗号の特徴である）だったからだ。

ユリウス・カエサルが使ったとされるシーザー暗号という古典的な暗号がある。これはアルファベットを後ろに何文字かずらして作る暗号だ。たとえば、シーザーが使用したのは三文字であったというから、原文がａならば、暗号文はｄとなる。

シーザー暗号においては、アルゴリズムに当たるのが、アルファベットを後ろに何文字かずらすということであり、鍵がその文字数だ。暗号をやりとりする者同士が、文字数を共有していればよい。

エニグマの場合は、一文字ごとにずらし方を変えるのがアルゴリズムだ。イギリスも奪ったエニグマのメカニズムから、それは知っていた。だが、鍵に当たるずらし方は、実際に暗号を生成している機械の設定を見なければわからない。

そのパターンはアルファベット二六文字を三乗（転輪の数）＝一万七五七六通りになる。さらに三つのシリンダーの順番を入れ替えてやれば、その六倍（3！＝3×2×1）となり、いくつかのシリンダーを用意しておいて、そこから三つ選ぶことにすれば、さらにパターンが増える。

これを手の計算で全部試そうとすると、当時なら軽く年単位の時間がかかったはずだ。しかも、ナチスは二四時間ごとにその設定を変更していたから、事実上解けないということになる。仮に、まぐれ当たりしたとしても、それは一日しか有効ではないのだ。

今、ネット上の決済などで広く使われている商用暗号の原理がこれで、アルゴリズムは公開されているが、運用者がその鍵をしっかり守るという考え方だ。多くの人に使ってもらうにはアルゴリズム公開が原則となる。というのは、アルゴリズムを公開することで、こっそりと抜け穴が仕掛けられていないか大勢の人により検証できて、より信頼度が増すと考えられているからだ。

暗号通信を巡る各国の物語

エニグマの暗号を解読するという、この難題を解決したのがアラン・チューリングだった。こちらは最近では『イミテーション・ゲーム／エニグマと天才数学者の秘密』という映画になっており、また伝記も多数出ている。

チューリングたちは、「ボンベ」と名づけた電気式機械仕掛けの暗号解読装置を開発した。当時の機械の計算能力ではすべての可能性を試して正解を出していたら膨大な時間がかかってしまう。そこで彼らは数学的な考え方を用いて、探すべき対象の範囲を狭めて、効率よくエニグマを解読できるようにしたのである。

このように、チューリングは、アルゴリズムの概念を定式化して、後に私たちが現在使っている、プログラムで動くコンピュータへの道筋をつけたといえる。

だが「エニグマが解読できた」という情報は、トップ・シークレットだった。映画の中にこんな場面がある。ある客船がUボートに狙われていることが暗号解読でわかった。解読メンバーの一人が「自分の兄弟が乗っているから助けたい。教えてやりたい」と熱望するのだけれども、チューリングは「そんなことをしたら解読していることがバレてしまう」と言って、却下するのである。変わり者で冷酷、チームで浮いている人物というエピソードなのだが、実話かどうかはわからない。

ただ、インテリジェンスの世界では、こうした意図的な秘匿はしばしば行なわれる。

余談だが、スパイ行動というのは、成功すればするほど無意味になるという、ある種の矛盾をはらんでいる。たとえば、相手にとって致命的な素晴らしい情報を手に入れたとする。この場合、二つのケースが考えられる。その情報の価値を上層部が理解できず活用されない、というのが一つ。もう一つは、その情報を使用することが不可能だという場合だ。

なぜかといえば、そんな貴重な情報を利用して適切な行動をすれば、相手はなぜこの情報が漏れたかを必死になって探すはずで、その結果、貴重な情報源を失うことになってしまうかもしれないからだ。つまり、どちらの場合でも、この貴重な情報は生かされることがないのだ。

話を戻そう。第二次世界大戦が終わると、植民地だった国々が独立していったのだが、このときイギリスは、ドイツ軍から没収したエニグマを「あのドイツが作った絶対に解読できない暗号機だ」といって、アフリカやアジアに売りつけている。

買った国々は、原理は見破られていても鍵さえ秘密にしておけば安心だと信じていたのだが、これは一種の神話だった。外交用の秘密通信にエニグマの暗号を使ったのだが、その内容はイギリスには筒抜けになっていた。一九七〇年代に発覚するまで、イギリスは彼らの通信を傍受しては解読していたのだ。

「そこまでやるか」と顰蹙《ひんしゆく》を買うような話だが、これもインテリジェンスである。ことに暗号解読にまつわる分野では、まず真実は表に現われない。巷間《こうかん》に伝わる話はカバーストーリー、つまり表向きのもっともらしい物語だと考えたほうがいい。

先にも少し触れたミッドウェーの戦史でも、日本の連合艦隊がミッドウェー攻撃に際して、暗号通信が解読されていたためにアメリカの待ち伏せによって負けたことになっている。だが私は、これはカバーストーリーだと思っている。

一般に知られた話では、暗号を解読したところ地名を示すと思われるAFという記号が出てきた。ミッドウェー島らしいと目算をつけたのだが確証がないので、アメリカ軍は「ミッドウェー島には水が不足している」という情報をわざと発信してみた。はたして日本軍の通信に「AFは水が不足している」という内容が出てきたので、確信を持って機動部隊を集結させて待ち伏せた、ということになっている。

いかにももっともらしいところが、かえって怪しい。おそらくアメリカは他の方法で日本軍の計画を知ったのだ。内通者がいたか、あるいは当時の段階で日本軍が見つかっているとは思っていない暗号書などを手に入れていたのだと思う。

しかし、その真の情報源を秘匿するために、もっともらしいこの話を作った。これはまったくの私の想像にすぎないが、そういうことを考えるのがインテリジェンスなのである。

ソ連という新たな対象を見つけた米通信傍受組織

第二次世界大戦中、太平洋を担当するアメリカの通信傍受組織には、およそ二〇〇〇人が従事していたと言われている。一方の日本では五〇〇人くらいだったのではないかということだ。こうした話は秘匿されているので、根拠や資料はないのだが、そう聞いたことがある。

戦争が終わると、負けた日本側は機械を壊し、資料を焼いて、組織も人も消えてしまった。アメリカはと言えば、この傍受組織の処遇に困った。急速に人員を増やして組織を拡大したので、日本が降参してしまうと失業状態になったのだ。

だが、ほどなくして新しい敵が見つかった。共産主義である。大戦中のシステムをそのまま維持して、彼らはソビエトに対する通信傍受活動を始めた。

その後継となった組織が国家安全保障局（NSA）であると考えられている。アメリカ政府が存在すらなかなか認めなかった組織で、何か問い合わせても、「そんな局はありません（No Such a Agency）」という答えしか返ってこない。その略語だと言われていた。

エシュロンによる短波帯の電波傍受は、二十一世紀に入るころまで続けられていた。その象徴が前にも述べた「象の檻」と呼ばれる無線傍受施設だ。直径約四四〇メートル、高さ約四〇メートルの巨大な円形のケージ型アンテナ施設で、青森県の米軍三沢基地や沖縄県読谷村《よみたんそん》の楚辺《そべ》通信所に置かれていた。

短波帯は波長が一〇～一〇〇メートルと長いので、アンテナにこれだけの大きさが必要なのだ。外周の円形部分は方位測定をするために特定方向の電波をブロックする役目の反射板で、その外側にあるやや低い垂直の鉄塔が受信アンテナである。

やがて遠距離通信の主力が衛星通信や海底光ケーブルを介したインターネットへと変わったことで、短波帯の傍受は中心的な役割を終えたが、同様の施設はまだ世界にいくつかあって、今も運用されている。

ステガノグラフィで写真に秘密情報を埋め込む

以前、北朝鮮は、日本をはじめ世界各地にいる工作員に指令を出す場合、やはり短波通信を使っていた。昼間はごく普通の生活をしている工作員は、夜になると押し入れから短波ラジオを出してきて何かを受信していたという。

聞いた話では、北朝鮮からの指令通信は最初に音楽が流れる。その音楽で誰に宛てた通信なのかわかるのだそうだ。自分宛てだとなると、送られてくる内容を聞くのだが、これが数字の羅列だった。私が子どものころ、夜中に短波ラジオをいじっていると、まったく意味がわからない読み上げが始まることがあった。それこそが朝鮮語による数字の羅列だったのだろう。

書き取った数字の羅列を、あとから暗号書を元に文章に戻せば、送られてきた指令がわかるというわけだ。これが長い間、行なわれていたのだが、あるときぱたりと止《や》んだ。もちろん日本に対する工作をやめたわけではない。無線を使う代わりに、普及してきた、インターネットを利用するようになったからだと言われている。

インターネットの利用といってもメールやチャットなどではなく、ステガノグラフィ（steganography）という手法で通信していると考えられている。ステガノグラフィとは、あるデータを、まったく別のデータの中に埋め込むことで、通信文自体の存在を隠すことをいう。

たとえば、写真データなどに伝えたい情報を秘匿する技術がある。

私たちがデジカメや携帯などで撮った写真はデジタルデータであり、ご存じのようにコンピュータ上では○と一という数字の羅列にすぎない。それをある規則によって画面上に表示するから、写真として見えるわけだが、ステガノグラフィは、その○と一の羅列の中に別なデータを埋め込んで隠してしまう技術である。

ステガノグラフィで指令を埋め込んだ写真も、どういう規則で抽出するのか知らなければ、ごく普通の写真にしか見えない。だから一見、何の変哲もないホームページ、たとえば「バラの育て方」を連絡用にしておいて、三番目の写真を特殊なソフトにかけると指示が出てくる、といったことが可能になる。

インターネット上で暗号のかかったメールを使えば目立つから、第3章で述べたPRISMで追跡されることになりかねないが、ステガノグラフィであれば、そもそもどこかのホームページに写真が貼ってあるだけだから、どこに隠されたメッセージがあるのかわからない限り、その発見は難しく、最近ではよく使われているらしい。

これは暗号というよりも、秘匿する技術である。

脱線になるが、大昔は密書の秘匿方法ものんびりしていて、きわめつけは「奴隷の髪の毛を剃《そ》って頭皮に暗号文を入れ墨して、髪が伸びてから送り出した」と聞いたことがある。頭皮に入れ墨していることが知られてしまうと通用しなくなる方法だが、敵の目を欺いて秘匿する方法を人間はずっと工夫してきた。ステガノグラフィも「まさかここには情報が潜んでないだろう」と思う気持ちを突くことでは同じなのだ。

衛星通信とインターネット、サイバー技術の融合

衛星通信では、波長が一メートル以下の極超短波《ごくちょうたんぱ》やマイクロ波と呼ばれる電波が使われる。電波は波長が短い（周波数が高い）ほど、情報伝送容量が大きくなる。また光に近づくので直進性も強くなる。

これはAMラジオとテレビ放送を比べてみればわかりやすい。たとえばAMラジオ局のTBSは九五四キロヘルツ、波長に換算すると約三〇〇メートルで、この電波で音声信号を送っている。直進性が弱いので、建物や山のかげでも受信できる。

テレビはといえば、東京スカイツリーから発射されているNHKの地デジ1チャン

ネルは中心周波数五五七メガヘルツ、波長は約五四センチ。ハイビジョンの鮮明な動画や高音質の音声が送られる。直進性が強く、電波の性質が光に近づいてくるので、建物のかげでは遮られてしまう。

地上から衛星に送る電波をアップリンク、衛星から地上へと届く電波をダウンリンクと呼ぶが、現在の衛星通信ではアップリンク、ダウンリンクともに波長で言えば数センチ〜ミリ単位の非常に高い周波数を使い、パラボラアンテナを衛星へとピンポイントに向けて大量の情報を送受信している。

衛星放送（BSやCS）のパラボラアンテナを自分で設置された人はご存じだと思うが、ほんの少しずれただけで映らなくなってしまうのは、電波の直進性が強く、かつパラボラアンテナの指向性が非常にシャープだからだ。

そのため衛星通信の傍受はかなり難しい。基本的にアップリンクは傍受困難なので、ダウンリンクを拾っているのだが、これも当然暗号がかかっている。衛星軌道上からの発信なので通信量解析も意味をなさない。これは通信する側にとっては大きなメリットだから、先進国は衛星通信にシフトしていったのである。さらにデジタル化が進んで、インターネットと同種の信号を電波に乗せて伝送するデジタル通信が広く使われるようになった。

ただ、どれほど困難でも、インテリジェンスのためには電波傍受や暗号解読が必要だから、当たり前のように技術も進歩していく。

ゴルフボールと呼ばれる球形の無線傍受設備は、中にパラボラアンテナが入っていて、これで衛星通信のダウンリンクを傍受している。衛星通信の傍受は、電波に乗ったインターネットを覗くということだから、サイバーの世界と領域が重なってきた。

それが現在の無線傍受のトレンドである。

一方で、無線通信よりも安定している有線通信の技術も大きく進歩した。光ファイバーの利用や情報のデジタル化で、大量の情報を伝送することができるようになった。今、海底ケーブルの重要性は増しこそすれ、いささかも減じていない。

付け加えるなら、海底ケーブルからの傍受も当然のようにずっと続けられてきた。ことに十九世紀から世界中に海底ケーブルを敷設してきたイギリスは、海底ケーブルに傍受用の装置をとりつけるための専用の潜水艦も持っていたほどである。

第二次世界大戦後に暗号解読機関から改編され、現在も存続する政府通信本部（GCHQ）の仕事の一つは、海底ケーブルの傍受と解読だろうと推測されている。

規制されていないのは、問題ではない証拠

もう一度、インターネットの原理や特徴について整理しておこう。

インターネットは情報をパケットと呼ばれる電気的に小さな塊《かたまり》に小分けして、それをバケツリレーのように通信事業者間で渡していく仕組みである。その際、バケツリレーなら隣の人に渡すところだが、インターネットのパケットは距離の「近さ」ではなく、回線の「太さ」で渡す相手を決めている。アメリカにインターネット上のデータの八割が集中しているのは、それだけアメリカの回線が他国に比べて太いためだ。

加えて、「いい人」によって性善説に基づいて開発されたため、「悪人」の存在を想定していないことも述べた。パケットをリレーしていく途中で、中身を覗いたり、コピーしたりすることも容易にできる。

そうした脆弱性ゆえに今、大きな問題が発生している。一つは、犯罪者がそれを利用して金儲けをしていることだ。そして、インテリジェンスの局面でも同じことが言える。

コンピュータとインターネットの脆弱性に気がつかないまま、現代の社会のインフラがこうしたサイバー技術に加速度をつけながらどんどん乗っている。経済や福祉、文化といった民生面だけでなく、軍事や外交までその危険にさらされてしまっているのが、大変な問題なのだ。

アメリカ政府と暗号解読にまつわるエピソードを一つ挙げておく。

アメリカの民間人のシステムエンジニアで、フィル・ジマーマンという人がＰＧＰ(Pretty Good Privacy) という暗号を作った。リベラリストの彼は、政府から人々の自由とプライバシーを守るために作ったという。

アメリカには暗号に関する法律があって、政府の許可なしに暗号を外国に出してはいけない。ところが自由こそ最上の価値と信じるジマーマン氏は、法律の網をぐってその暗号を全世界に輸出した。

　どのようにしてか？　それは彼が考えついた暗号の原理を書いた本を出版したのだ。書いてあることをスキャナーで読み込んで、ＯＣＲ（光学式文字読み取り装置）にかけてパソコンに入れると暗号ソフトになるというわけだ。この本が世界に輸出されると、彼は犯罪者として連邦政府の捜査対象なって迫害を受けることになったのである。

　その当時は猛烈に怒っていたアメリカ政府だが、数年後に「おかまいなし」となった。われわれサイバーや暗号の研究者たちはそろって「ＮＳＡはＰＧＰを解けるようになったんだ」と噂したものだ。ＰＧＰには当初、アメリカ国内用と外国用の二つのバージョンがあったので、われわれは外国用についてはＮＳＡが解けるように何かしたのだろうと推測していた。

　今、アメリカ政府はまったく不干渉なので、国内用も含めてＮＳＡが解けるようになったとのだと見られている。証拠や公式発表はもちろんないけれども、インテリジェンスや暗号の世界とはそういうものだ。

無害通航権とインターネット

本章で述べてきたように、サイバー・インテリジェンスの祖先は、電信傍受に始まるシギント（信号傍受による諜報活動）だった。そして今、短波通信、衛星通信という電波傍受の時代を経て、ずっとコストがかからず、効率的かつ安全な情報収集がコンピュータとネットワークで実現したのである。今日、シギントの対象は海底ケーブルなど、光ファイバーや電線の中へと、再び重点が有線へと移ってきているのがサイバー時代の特徴だ。

以前から戦争になると、敵国の海底ケーブルを切ろうとする作戦も実施されてきた。

軍事的には切ってしまいたい、切ってしまおうとなるのだが、前世紀までならともかく、問題はそう単純なものではない。というのも、海底ケーブルは敵国のものではないかもしれない。もし中立国のものであれば切るわけにはいかない。

たとえば日本に上陸している海底ケーブルはＫＤＤＩの所有物と考えられているけれども、実は一社だけのものではないのである。敷設や管理に多額の費用もかかるので、多国籍企業をはじめ複数の企業の相乗りになっている。そうした企業が、交戦国や中立国と入り交じっていたらどうなるのか、ケーブルの持ち主が多国籍にわたっているうえに、その中を通っている情報はさらにどこの国のものかもわからないとなると「主権問題」をどうすればいいのか、簡単に答えは出ないのだ。

私は、インターネット上の情報については「無害通航権」を適用できるのではないかと思っている。

公海は誰でも自由に通航できる。領海は主権を持つ国家のものだが、平和や安全を乱さず、主権を侵さないのなら通ってもいいというのが無害通航権だ。つまり外国の商船が日本の領海を通り抜けるだけなら問題はない。だが、漁船が入ってきて漁をすることは許されない。潜水艦が潜ったまま通航することもダメである。主権を持つ沿岸国は、領海内に入った船に対して、必要に応じて停船させたり検査することができるのだ。

同じように、主権国家のケーブルの中を、外国の情報が通過している。通過するとき主権国家に危害を及ぼさないのなら、無害通航権と同じで通ってもかまわない。

これが何に関係してくるのかといえば、戦争法規の中立国の問題だ。中立を宣言した中立国は、交戦国に便宜供与をしてはいけない。

ところがインターネット上の情報はどこを通るかわからない。たとえばA国とB国で戦争が始まり、アメリカが中立国になった場合を考えてみよう。A国とB国に便宜供与をしないと約束していても、インターネットを使えば、まずアメリカを通ってしまう。交戦国から見れば、アメリカは敵国の使用を見過ごして便宜供与をしているのかとクレームをつけられる可能性がある。

先述の『タリン・マニュアル』では、この問題も「議論が分かれた」と記してあるだけだった。領海内にある海底ケーブルには、その国の主権が及ぶとしても、公海上ではどうなるのかなど、不明確な点は多いが、私としては「無害通航権」という概念の上で、議論を進めるべきではないかと考えている。

このような意味で、今、一般に言われている、インターネットは国際公共財であるという考えには私は同意できない。すべてのインターネットを支えるインフラの装置には持ち主とその裏に主権国家がいるわけで、自然にそこにある無人の宇宙空間とは別物ではないだろうか。

拡張された戦争の概念

有線通信から始まって、インターネットへと変遷してきた傍受・諜報の歴史だが、時代とともに、情報の持つ意味合いが変わってきている。

一般的には、情報の重要性は孫子やシーザーの時代、武田信玄《たけだしんげん》の時代から変わっていない、インターネットなどの技術でスピードが変わっただけだ、本質は変わっていないと言われる。だが、私はそうではないと思っている。

それを述べるには、戦争とは何か、ということについて少し説明しなくてはならないだろう。よく引用されるのが、「戦争は政治の延長である」という、十九世紀、プロイセン（ドイツ）の将軍、カール・フォン・クラウゼヴィッツの言葉である。軍事学の古典とされる彼の著作、『戦争論』に出てくるもので、戦争と政治との関係として広く知られている。ただ、これだといくぶん哲学的だ。

私は、同じく『戦争論』の中の一文「戦争とは力をもってわが意思を相手に強要することである」、これこそが戦争の定義だと思う。「力ずくで相手国を従わせること」と言えばすっきりと明確だ。

クラウゼヴィッツの時代はもちろんのこと、二十世紀後半までは、「力」とはいわゆる「武力」のことだった。当然、クラウゼヴィッツのドイツ語でも「武力」としている。だが、ここを広く「力」と考えた場合、何が当てはまるだろうか。

アメリカの未来学者、アルビン・トフラーは『第三の波』で、人類史における大きな技術革新を「波」と捉えて三種類の波があり、それが社会の構造を律してきたことを示した。

第一の波は、約一万五〇〇〇年前に農耕を開始したことから始まる農業革命。第二の波が十八世紀から十九世紀にかけての産業（工業）革命で、農耕社会が工業社会へと変わった。そして第三の波は、脱工業社会をもたらす情報革命である。それが二十世紀後半に起こりつつあると提唱したのだ。

また、彼は三つの力についても述べている。農業時代の主な力は暴力であった。やがて農業の発達で社会に余裕ができてくるとお金の力が強くなってくる。それは産業革命の頃だ。やがて、その技術と資金を元にさらに社会が発展し、二十世紀の後半には、知恵が力となる。それが情報革命だ。この三つの力が大きな歴史の流れに対応しているというのだ。

ここで、先のクラウゼヴィッツの「力」を、これらの三つの力をもってさらに拡張してみたい。すなわち暴力、つまり軍事力という第一の力、続いて、お金、つまり経済力という第二の力、そして知恵、情報力が第三の力だ。そうすれば、拡張された戦争は、軍事戦争、経済戦争、情報戦争ということになる。いうまでもなく、一つ目の軍事戦争というのが、これまでの普通の意味での戦争である。

この拡張された戦争という概念を使った場合、これまでの歴史は以下の三つの歴史区分に分けて観察することができる。軍事戦争の時代、経済戦争の時代、情報戦争の時代である。

人類は、第二次世界大戦まで長きにわたって武力、軍事力による戦争をしていた。槍《やり》や刀は戦車や飛行機へと進化したけれども、つまるところ、兵士が直接、刀や砲火を交え、血を流して戦う軍事戦争の時代である。第二次世界大戦は、軍事戦争の形態を取りながらも国家総力戦という形で、経済力が戦争遂行の大きな鍵となった。これは次の経済戦争への過渡的状況であったということだ。

そして冷戦、これは経済戦争そのものであった。経済の土俵の上で、共産主義と資本主義という二つの経済体制を持つ国家群が戦ったのだが、それはミサイルを撃ちあうのではなく、経済圏の陣営を作って、お互いの経済体制の優秀性を争ったのである。ときには相手国の経済計画が崩れるような要素をぶつけて足をすくったり、相手が疲弊するような為替の操作なども行なわれた。

ご承知のとおり、この戦争は資本主義陣営が勝利し、日本は勝ち組にいた。

今、中国主導のアジアインフラ投資銀行（AIIB）をめぐって騒がしいが、これも経済戦争の一部にほかならない。このままでは中国グループに押し込まれてしまうから、アメリカを中心とした日本が属するグループが、なんとか対抗しようとしている構図である。

そして二十一世紀の今、世界は、すでに情報戦争の時代に入っている。

この戦争では、武器に代わり情報を武器として使う。情報をコントロールすることで、自分たちの国益に沿うように相手国の意思決定を操作するのだ。目に見えないように自分たちの意志を強要する。それに成功すれば情報戦争に勝利したことになる。残念なことに日本はそれに気がついていないので、緒戦において敗れつつあるのではないかという心配がある。

他国を貶《おとし》めることで、自分たちの国のステータスが上がると考えるのは愚かだが、平然とそれを仕掛けてくる国もある。普通に考えれば、いくら相手の悪口を言ったところで、自分たちが尊敬されるようになるわけではない。むしろ心ある国から見れば「変な国」だと思われるのがオチなのだが、ライバルの日本と同じ製品があれば、日本のイメージを少しでも下げることで、自分たちの製品が受け入れられる余地が生まれるはず、とでも考えているのかもしれない。

そこが戦争の戦争たるゆえんである。情報戦争ともなれば、情報を操作することによって自国に有利になるなら、それで目的が達成されるのだ。

そして、今日、情報戦争の主戦場はサイバー空間なのである。そこでは、サイバー攻撃という、見えない「武器」による戦闘が行なわれているのだ。

ウクライナ紛争における情報戦争

二〇一四年、ウクライナ東部地域で反政府分離独立運動が起こったが、この陰で、複数のハッカーグループが活動した。

彼らは、お互いに自分たちが支持する政府等の政治的立場を有利にするために、サイバー技術を駆使した各種の活動を行なった。その主な活動内容は一般的な「情報を窃取したり損害を与えたりするためのサイバー攻撃」より、「情報操作を重視した活動」が多かった。

「Ukrainian Cyber Troops」と呼ばれる親ウクライナ新政府派のグループは、公共の監視カメラを乗っ取り、ロシア軍の動きなどを監視・偵察した。さらに、その情報や、ハッキングにより得られた情報を、実際の戦闘における射撃目標特定のためにウクライナ軍に提供したと主張している。

また、「Cyber Berkut」は反米・反ウクライナ新政府の分離主義者のグループである。通信傍受と暴露が得意で、米国のバイデン副大統領がウクライナの首都キエフを訪問した際に、随行チームの携帯をハッキングして米国の秘密文書を搾取した。それには米国政府のウクライナに対する軍事援助に関する内容が記されていたという。
また、彼らにとって敵対的な政治家である、ウクライナ内務大臣の通信をハッキングして、それを公開したり、ウクライナの元首相ユリア・ティモシェンコの電話を盗聴して公開したりしている。このような活動を通して、狙われた政治家の評判を落とすための活動を行なったわけである。

今回のウクライナ紛争におけるサイバー攻撃は、二〇〇七年のエストニアや二〇〇八年のグルジアのケースと少し状況が異なっており、物理的な被害が少ないのが特徴であった。つまり、ウクライナの経済に打撃を与えたり、政府機能を物理的に混乱させたりするものは少なく、内外の世論が自分たちに味方するように誘導するものが多かった。

つまり、本ウクライナ紛争は、目に見える武力紛争とその背景の政治的な動きだけに注目すべきではなく、情報戦争の一例として認識すべきものであり、今回、その主戦場がサイバー空間であったということなのである。

インテリジェンスと戦争の境界が曖昧になった

こうしたことを考えると、「情報の価値は昔も今も変わっていない、早くなっただけだ」という認識は、単純かつ表面的なのではないか。サイバー技術によって、情報の意味は大激変して、情報そのものが戦場であり、かつ武器であるという時代になっている。

インテリジェンスと戦争は峻別すべきだと述べてきたけれども、その境界が曖昧になっていることも含めて、まったく新しいフェーズに入っていると思うのである。

だが、『タリン・マニュアル』の例からもわかるように、世界の趨勢《すうせい》はその考えに、まったく追いつけていない。相変わらずインテリジェンスと戦争は別だという概念を、サイバー時代に当てはめようとしている。

二十一世紀は、戦争が変質して、インテリジェンスとか情報とかはもう分けようがなくなる、それがもう始まっているというのが私の歴史認識である。

第5章

日本のサイバー・インテリジェンス

インテリジェンスの重要性

日本を取り巻く環境は、時代とともに変化している。

近年はアメリカの力が相対的に低下し、中国が台頭してきたことでアジアには不安定要因が増加している。北朝鮮で世襲された権力もまた別のリスク要因になりうる。

このような状況下では、軍事衝突の可能性もけっして否定できないわけだが、それよりも、これまで本書で述べてきたように、世界はすでに「情報戦争」の真っ只中《まただなか》であると言っても過言ではない状況だということに気がつかなければならない。

そして、その主戦場がサイバー空間というわけなのである。リアルな世界では、日本は海に囲まれ、これに守られているが、サイバー空間では見えない敵国と境界を接しているのである。

近代国家のもっとも重要な役割は、そこで暮らす人々の安全な生活を保障すること、とりわけ外敵から国民の生命や財産を守ることである。

であるならば、いち早く危機を察知して迅速に対処するほうが、事態が大きくなってから大騒ぎするよりも、ずっと安全、安心であることは言うまでもない。そのために「独自の情報を持つ」ことは重要だ。それはすなわち、「独自の決心ができる」ということだからだ。

インテリジェンスの重要性が語られるようになってきて久しいが、現在の日本のそれは質・量ともに不十分で、整備も順調とは言い難い。その理由としては、第二次世界大戦の敗北で、軍事に関連しそうなことすべてに拒絶反応を示してきたということもある。だが、情報を軽視して戦争に負けたという、悪しき伝統をいまだに引きずっている面も否《いな》めない。

前章で、第二次世界大戦中、日本も相当なレベルで電波傍受をしていたことに触れたが、当時、情報の扱い方や情報に基づく判断にはきわめて大きな問題があった。

旧陸軍の情報参謀だった堀栄三《ほりえいぞう》氏は、ミッドウェー海戦での敗北を知ったのは、一年四カ月ほど経った一九四三年（昭和十八年）秋のことだったと、著書『大本営参謀の情報戦記』（文藝春秋）に記している。しかも、それをドイツの武官から聞かされたのだというから、日本軍の風通しの悪さに唖然《あぜん》とするほかはない。

同書によると、これはほんの象徴的な事例にすぎないことがわかる。

一九四四年（昭和十九年）十月、旧海軍大本営は台湾沖航空戦でアメリカの空母機動部隊に対して壊滅的な打撃を与えたと発表した。空母一〇隻以上を轟撃沈《ごうげきちん》し「過半の兵力を壊滅して之を潰走《かいそう》せしめたり」というのだから大戦果である。

だが、これは日本の戦闘機搭乗員の印象に基づく報告（つまり証拠はない）を集計しただけの戦果にすぎなかった。堀氏は鹿児島県の鹿屋《かのや》基地で、実際に戦った搭乗員たちからの聞き取りで、戦果は誤認であり誇大であることを陸軍大本営の情報担当部長に電報で知らせるのだが、どういうわけか握りつぶされてしまったという。

誤認された戦果に基づいてフィリピン戦が行なわれることになり、決戦兵力の大半が輸送中に失われて、後の沖縄戦へと影響を及ぼすのである。情報軽視はまさしく国を滅ぼす一本道なのである。

戦後、陸上自衛隊に入隊、一貫して情報畑を歩んだ堀氏は同書にこう記している。

「日本はいま経済大国と自負しているが、軍事的には、どんなに威張っても空域を保持する力も宇宙から地上を見る力も、宇宙で戦う力もない小国である。（中略）大きな『兎の耳』を立てているような国が、何を頼りに生きているかを、もっと深刻に研究する必要がある。敗戦という大経験を経ながら、情報はまだその日暮らしである」

　この本が書かれたのは一九八九年だが、堀氏の指摘から今日まで、日本が情報をどのくらい重視できるようになったかというと心もとない。そして、サイバー技術が長足の進歩を遂げ、情報収集・分析の基盤となるのは、この後のことだ。

サイバー・インテリジェンス機関の設置は急務

　繰り返し述べてきたように、サイバー・インテリジェンスは世界の趨勢《すうせい》である。安全で、しかも相対的に安くつく。

　雪崩《なだれ》をうつように各国がサイバー・インテリジェンスに力を注いでいる今、日本はどうなのかと考えると、収集・防諜どちらをとっても不十分だし、心もとない。周囲が急速に進む中、日本だけがゆっくり進めば、それは事実上の後退なのだ。

　今年（二〇一五年）、日本年金機構の個人情報流出事件が発覚した。直接的な原因は、職員が受け取ったメールに添付されていた文書を開くことでパソコンがウイルスに感染して、外部から操作されたり侵入を許したりするようになる「標的型メール攻撃」にあったのだという。

「怪しいメールに添付されたファイルを開いてはいけない」と繰り返し言われてきたけれども、業務に関係するメールをよそおうなど攻撃者もいろいろと工夫するから、峻別はどんどん難しくなっている。日本年金機構に届いたウイルス付きのメールも、関係者なら開いても不思議のないタイトルだったとされる。

実は、この年金機構への攻撃は単なる金銭目的のサイバー犯罪ではない可能性が大きい。添付されていた囮《おとり》文書には中国の簡体字が使われていたというし、ウイルスを分析したところ中国発のものであることを裏付ける痕跡も発見されたという。しかも攻撃者の特徴として、一般の犯罪者と言うよりは政府機関の関係者ではないかと思われるような感じもあったという。

とすると、あれは日本の政府機関等を対象にした中国政府機関からのサイバー攻撃の一端が表に出たもので見かけよりは根が深いのではないか。実は年金機構事件自体が氷山の一角であり、このような攻撃は以前から観測されていたという。

いずれにせよ、この事件は報道されたから大騒ぎになったわけだが、実は大手企業に対するサイバー攻撃による情報の流出は、表沙汰にならないだけで多数発生している。私の周囲にも、貴重な情報を中国に抜き取られたという知人がいて裁判沙汰になっているし、日本の大学に蓄積されている研究成果や科学技術情報もどんどん持ち出されているという。つまり、日本の知的財産を守るという国としてのサイバー防護はまったく不十分ということになる。

　まして、サイバー・インテリジェンスによる情報収集となると日本はまったく手つかずではないか。こちらに関しては、そもそも日本政府として統一した情報収集機関が必要だと思う。その中でサイバー技術に立脚した新しい情報収集体制を作るべきだし、それは実現可能である。これは何も、外国の情報を盗みに行けと言っているのではない。大きな目的は、テロ対策や広い意味での犯罪捜査だ。

　日本版のＣＩＡが必要だという声も高まってきたし、それは大事なことだと思う。ただ、そこで手をつける順番はよく考えるべきだ。

　情報収集にヒューミントはきわめて重要だ。しかし、これからその専門家を養成するとなると一〇年、二〇年とかかる。個人の資質も問われるし、期待通りに育つかどうかは未知数だ。

だが、サイバー・インテリジェンスに関して言えば、その育成は確実にもっと早くできる。したがって国家としてサイバー・インテリジェンスを一元的に手がける機関を設置すること、そこから手をつけていくことが有利ではないだろうか。

法整備も行なったうえで、サイバー・インテリジェンスを行なうための日本版NSA、もしくは日本版GCHQ（英国政府通信本部）を設置して、テロ情報などを早期に探知したり、犯罪者を早く捕まえるような仕組みを作るのである。これを二〇二〇年の東京オリンピックに間に合わせるつもりで取り組むべきだと思う。

監視社会と隣り合わせ

その際、NSAがスノーデン事件によって失態を演じたことを戒《いまし》めとして、過度な監視社会にならないよう、最大限の留意をしなくてはならない。

プライバシーの侵害は国民にとっては大きな不利益だから、侵害が起こらないようなしばりを考えるのは当然だ。この問題は微妙なだけに、勘違いされてインテリジェンスの仕組みを作ることが潰《つぶ》されてはいけない。私自身、日本が過度な監視社会になってほしくない。ただ、社会の安全性とプライバシーの保護はバランスが大切だ。

最近、テレビでニュースを見ていると、犯罪捜査の過程や犯人が捕まったときにかなりの頻度で防犯カメラの映像が出てくる。コンビニであれ街角であれ、防犯カメラが現場の映像を捕らえていたことで、犯人逮捕につながった例が増えている。

このニュースで流される防犯カメラの映像は、どこから来たのだろう。コンビニのカメラ映像であれば、なぜそれがＮＨＫや民放各局の手に渡るのか。それぞれのテレビ局の取材スタッフが「カメラ映像をください」と頼みにいったわけではないだろう。おそらくそれらの映像はまず警察が捜査の必要性から入手し、精査した結果の具体的な映像であって、それが警察から報道機関に提供されたのではないだろうか。

とすると、このような映像がテレビで放映されること自体は、警察による防犯カメラの有効性を国民に認知してもらいたいという広報活動の一環ではないかと思ったりしてしまう。ちょっと嫌な感じがしないでもないが、「都市化や国際化が進んだ現代社会の安全性を保つためには防犯カメラは必要だ」という、国民の合意を得るためには必要なことだろう。イギリスなどでは防犯カメラの映像が日常的に犯罪捜査に使われていて、実際に犯罪が減っているという報道もある。

こうした報道を見ることで、「自分が映るのは嫌だけれど、犯罪者を捕まえるためにはしかたがない」と考える人が増えれば、防犯カメラをもっと効果的に利用して犯罪を取り締まりやすくするための法律の整備も進むだろう。

最近では、コンピュータ上のプログラムが大量のデータを自動的に分類していく「機械学習」と呼ばれる技術の一つで顔認識システムの実用化が進んでいる。写真管理サービスの「グーグル・フォト」が黒人を誤ってゴリラと分類して物議を醸《かも》したことが新聞でも報道されていたけれども、失敗しながらも急速に技術は進歩している。このようなプログラムを実際に自分で使ってみると一昔前では想像できないほどの、驚くべき精度だ。

近い将来、この顔認識技術と防犯カメラが組み合わさることも確実だ。これは東京オリンピックでも利用される予定だという。ここには、過度な監視社会にならないための線引きと、どこまで国民が許容するかという困難な問題はあるけれども、安全・

安心な社会を作るためには、どこかで合意が必要になるのだ。

日本はカウンター・インテリジェンスに注力せよ

サイバー・インテリジェンスを強化して日本を守ることに関連して、重視すべきなのがカウンター・インテリジェンスである。すなわち、外部からの諜報活動に対して、情報が漏れないように守ることである。

二〇一一年九月、日本の防衛産業の拠点企業が標的型メール攻撃を受けて情報が盗まれたのではないか、と疑われた事件が発生して波紋が広がった。この事件のころから「怪しげなメールの添付ファイルは開いてはいけない」と注意されるようになったが、最近では、あらかじめ関係者のメールアドレスが知られていたり、いかにも業務に関係しそうなタイトルがつけられていたり、標的型メール攻撃も巧妙化している。

日本年金機構の個人情報流出事件も標的型攻撃によるといわれており、起こるべくして起こった事件と言えるかもしれない。人間は必ず失敗をするからである。ましてや相手が国家レベルであれば企業等が効果的に防護することはまず不可能である。

これまでの教訓が生かされず、それぞれの企業や組織の責任で防御を任せるのは危険である。第1章で述べたように、個々の企業では国家からのサイバー諜報活動にはまず無力と言っていい。

日本で活動する工作員やテロリストも、短波無線で暗号文を送受信する時代ではない。インターネットを通じたステガノグラフィを使っていることを前章で述べたが、その他にもいろいろな高度技術をどんどん利用しているのだ。これらに、どうやって対抗するのかは大きな技術的課題である。しかし、今に至るまでこれらに対する詳細な検討はほとんどされていないのだ。

たとえば日本の防諜（カウンター・インテリジェンス）機関である公安調査庁は、今でも人に頼った情報収集をしているという。地道な、昔ながらの方法はもちろん大事である。しかし、日本に侵入しているスパイがインターネット等のサイバー技術を使って活動しているときに、昔の刑事ドラマのような手法（気の毒だが、警察より権限の少ない公安調査庁ではそれさえ困難かもしれない）に止まっていたのでは、確実に置いていかれてしまう。公安調査庁はカウンター・インテリジェンスの手法として情報の入手段や集めた資料の分析手段等にサイバー技術をもっと使うことを考えるべきだ。

また、警察の公安部門はすでに、サイバー技術に対応した犯罪捜査をしているが、予算も少なく、まだまだやるべきことは山積みだろう。そして防衛省は外国の軍事組織から、自分だけを守っている現状から脱却・発展し、やがては日本のサイバー・ネットワークを守るようにならなくてはいけない。

もちろん、各省庁が課題を認識していることは私も知っているつもりだ。しかし、具体的な対策はまだこれからという状況なのである。

インテリジェンスに必要なのは選別と分析の能力

大使館や領事館など、外務省の持っている在外公館では、インターネット情報を自動的に分別して、有用な情報を取ることくらいはしているだろう。ただ、重要なのはその選別と分析だ。

インテリジェンスは、八割くらいは一般情報、公刊情報で行なえるとよくいう。ジャーナリストの池上彰《いけがみあきら》氏は「九八％」と言っている。数字が妥当かどうかはともかくとして、そのように書いている本は多い。

ただ、これには続きがある。重要なのは、その公刊情報の中から本物と偽物を見分けることだ。これが難しい。たとえば単に多くの新聞を読めば、インテリジェンスを身につけることができるかというと、そうではない。

池上氏の場合、二〇紙ほど読んでいるそうだが、彼はそこから重要と考えるものを選別しているから独自のニュース解説ができるのであって、二〇紙をただ購読して読みさえすれば池上氏のようになれるわけではない。インテリジェンスの真髄とは、二〇紙を購読することではなく、選別と分析の部分にある。

新聞紙面であれば、割かれている面積や見出しの大きさ、書かれている内容や論調の変化など、各紙を比較していくといったことは当然として、インテリジェンスの観点から複合的に考えながら、情報の真偽や有用性を見抜いていく。それが選別だ。

そもそも、私の経験では、新聞の一面にスクープ的に出た情報は間違っていることも多い。

報道の現場では、まず速報性が大切だ。だから取り急ぎ取材したことの裏付けを十分に取っている暇はない。また、報道に対応する事件の現場の担当者も、記者も専門家でないことが多い。そうなると、出てくる記事は必然的に思い込みが入ったり、勘違いしたりしたものになりがちだ。これは真に役に立つ情報ではない。分析のためには、しばらく待って熟成した情報を追うことが大切なゆえんである。

個人レベルで考えれば、普段から、自分が得た情報についてよく考えることが大切だ。まず、それは本当か？　隠れている・隠されているものは何か？　これで得をするのは誰だ？　それらを通して、自分ならどう見立てる？　他に可能性はないのか？　そういったことを考え、情報を分析するのだ。

さらに、その後のフォローも重要だ。これらの事件を後で思い返して情報源の信頼性に自分なりの格付けをしておくのである。

蛇足だが、この選別と分析に関するもう少し大きな話で、将来的に国に要望したいことは、人工知能に関する技術開発とその活用である。インターネット上のおびただしい情報を人間が分析することはもう時間的に不可能になってきている。人間ではもう間に合わないのだ。

だとすれば、日本がやるべきことは、「新しい技術を使うことで攻撃者に素早く追いつけ追い越せ」という方針ではないだろうか。その新しい技術の焦点が人工知能ということだ。

日本のインテリジェンスが弱い理由

日本のインテリジェンスの将来像を具体的に掲げるのは難しい。先の敗戦に由来する日本ならではの経緯があるからだ。だから本書の最後に、日本のインテリジェンスが弱い理由に触れないわけにはいかない。

第二次世界大戦が終わったとき、戦勝国アメリカは、日本が二度とアメリカに歯向かえない国にしようと考えた。当初は完全に日本を武装解除して、まったく軍備を持たない丸腰国家にしようとしたのだ。

しかし、一九五〇年に朝鮮戦争が起こって、自衛隊の前身・警察予備隊が設置された。日本に駐留していたアメリカ軍が朝鮮半島に出払ってしまうと、日本の防衛や治安維持のための兵力がなくなってしまうからだ。当時は、世の中が今よりもずっと騒然としてきな臭かったから、ソビエトが攻めてくるとか、共産革命が起こるといった懸念が大きかったこともあろう。

このことに関しては、おそらくアメリカ国内では激しい議論があったのだろうと思う。徹底して日本から軍備を排除する、アメリカに二度とたてつかない国に作り替える計画だったものを頓挫《とんざ》させるのは大丈夫だろうかというためらいもあったことだろう。

だが、それ以上に、再び日本に戦力を持たせて信頼できるのかという不安も大きかったはずだ。というのも、当時のアメリカ人はまだ日本人を信用していなかったのは間違いないからだ。

神風特攻を行ない、バンザイ突撃をし、本土決戦を叫んで徹底抗戦していた日本軍を打ち負かして国土を占領してみると、そこには、掌《てのひら》を返すように従順になった日本人がいた。隙を見せれば後から刺しかねないのが普通の敗戦国である。自分たちのことを嫌い、憎んでいるはずなのに、激しい反抗など起きないのはかなり気味が悪かったらしい。こんな国民であればまた裏切るのも早いのではないか、そう思っても不思議はない。

だが朝鮮戦争のために駐留軍を動かさなければならなくなり、世界的に社会主義・共産主義勢力が勢いづいてくるという時代背景があって、とりあえず自衛ができるだけの武力集団を日本に作らなくてはならなかった。言ってみれば、自衛隊（当時は警察予備隊だが）を創設したのも、そもそもがアメリカの都合だった。

こうして警察予備隊は誕生した。しかし、そこにはアメリカの中の懐疑派をなだめるために必要な数々の仕掛けがあった。そのひとつは、警察予備隊は文字通り警察組織で軍隊の法律体系にはないということだ。だから自衛隊は軍隊ではない。

軍隊であれば、自分の国を守るために、自国で判断して、国際法の体系の中ではあるが、少なくとも国防上必要な限り青天井で必要な措置を取れる。だから普通の国ならば、国内法で「これはできない」「これはしてはいけない」という許されないことを列記した、いわゆるネガティブリストを整備しておく。

一方、自衛隊の場合は、まず外国から先に攻撃されない限り何もできない。それどころか、やれることが前もって決まっている、ガチッと固められた法体系になっている。いわゆるポジティブリストである。だが、それでは最近の国際情勢の変化の前に通用しない、あるいは不十分であることが明らかになって最近、安保法制等を制定しようと政府は努力しているのだ。

　いずれにせよ、自衛隊は危機に対し柔軟、臨機応変に対応できる組織ではない。そこには、他国の軍隊には見られない法的なしばりがかかっている。

意図的に組み込まれた「構造的欠陥」

　海上自衛隊も陸上自衛隊も、組織としての欠陥を持っている。これは意図的に組み込まれた「構造的欠陥」と言えばいいだろうか。言い換えれば、アメリカから見た場合の安全弁である。

　自国を守るという目的のため、いざとなれば他の政府機関から独立して活動でき、それを達成できるための組織と人員、装備を持つのが普通の国の「軍隊」なのだが、自衛隊はそうではない。非常にいびつな形をしているのだ。

　海上自衛隊は、正規の海軍の形をしていない。設立当時の一般的な考え方に従うなら、海軍には、空母あるいは戦艦という主力艦がまずあって、それを守る巡洋艦や駆逐艦、潜水艦というセットを持つ。

ところが、海上自衛隊の艦種は、基本的に護衛艦（駆逐艦）と潜水艦だ。また、その海軍航空隊としての機能はＰ－３Ｃで知られる対潜哨戒機ばかりだ。対潜哨戒機は潜水艦を発見し、追い回す役目だから、潜水艦を持たない国に対しては意味がないし、通常の海上艦に対応する能力があったとしても、やはり本来的なものではない。つまり海上自衛隊は、対潜水艦能力だけが異様に高い、構造的欠陥をもった海軍である。アメリカ海軍を守るために必要なのが対潜水艦作戦だから、当然かもしれない。海自は「アメリカ海軍のみなさん、本番は宜しくお願いします」が前提の海上戦力として、誘導され育てられてきたのである。

現在では、ヘリコプター五機が同時発着できる飛行甲板を持つ「いずも」のように、外観は完全に空母で、戦艦大和に近い大きさを持つ艦艇を保有するまでになった。しかし、それであってもこれをヘリ空母と呼ばず「ヘリコプター搭載護衛艦」と称するわけだが、これも建前上、主力艦を持てないといういびつな形で育ってきた、一つの証拠であろう。

では、陸上自衛隊はどうか。こちらに仕掛けられた「罠」は、インテリジェンス機能を欠落させられたことだった。発足に当たって、どこの国でも持つ陸軍情報部に相当するものを切られたのだ。基本的に陸上自衛隊は、アメリカから情報をもらうだけだった。

ところで、普通の国は平時から軍事情報の収集活動をしている。

一例を挙げると冷戦時代、「東京急行」と呼ばれるソビエト機による偵察活動があった。大陸から東京を目指してソビエト機が飛んできて、パッと引き返していく。定期的にやってくるから、われわれは定期便という意味で揶揄《やゆ》して「東京急行」と呼んでいた。

ソビエト機の目的は、日本の防空識別圏の実効性の調査だった。すなわち防空識別圏に対してどんな位置と高度なら、航空自衛隊の戦闘機がどのくらい素早くスクランブル（緊急発進）をかけて対応するのか、レーダーの覆域《ふくいき》と航空自衛隊の練度を調べていたのである。

二〇一三年、中国が東シナ海に防空識別圏を一方的に設定して騒ぎになったとき、アメリカは直ちにグアムからB52を二機飛ばして、わざと中国の防空識別圏を踏んでいる。どうなったかというと、何も起こらなかった。つまり、いくら防空識別圏を主張しても、きちんとレーダーで監視し、対応できる戦闘機がなければ無意味である。

かつてのソビエト機はさまざまなコースや高度で日本に接近して、防空システムを調べて、その実効性や能力を探っていたのだ。

さらに言えば、レーダーの周波数やパルスの周期なども収集していたはずだ。あらかじめレーダーから発射される電波の特徴がわかっていれば、万一戦争になったとき、ジャミング（電波妨害）ができる。侵入した飛行機から同じ電波をレーダーにぶつけてやれば、何も映らなくなって機能しなくなる。そうやって目潰しをかけて爆撃にいくのが、普通の戦法である。防空側はそうされないよう、レーダーの周波数やパルスを変えて対抗するわけだ。

つまり、戦争になってから日本のレーダーを調査するような、悠長なことはありえない。平時から事前に定期的に調査しておくことで、日本が機材を更新する周期もわかる。もし奇襲攻撃をするなら、最新型に更新される前に叩いたほうがいいことは明白だ。

このように、平和なとき、戦争に備えて相手の国の弱点だの、特徴だのを調べておくのが軍隊だ。「東京急行」は、そのきわめてわかりやすい一例にすぎない。

さて、陸上自衛隊は設立時、作戦、情報、兵站《へいたん》、人事の軍隊の四つの基本機能のうち、情報能力に制約がある状態で生まれている。その後、多くの人たちの努力で変わってきてはいるが、それでも外国軍の情報部並みの機能があるかと言えば、きわめて厳しい状況だと言わざるを得ない。日頃から潜在的な防衛対象国の弱点を探るような活動は、ほぼやっていないに等しい。

インテリジェンスとは、平時からさまざまな情報を地道に取るもの。それは戦後の日本が忘れた、安全保障の常識なのだ。

独力ではけっして戦えない仕組み

どんな国の軍隊でも、相手のことを調べている。陸軍であれば、スパイを送り込んむ、相手国の技術者を買収するなど、あらゆる手段を講じて戦車の装甲厚などの性能や、どのような使われ方をしているかなど、ありとあらゆる情報を調べている。こうした情報がないと対抗する戦車が作れないのだが、日本はそんな情報も自力ではまったく得られない。

冷戦当時、陸上自衛隊が戦うかもしれない相手として想定されていたのはソビエト軍だった。おそらくこのような情報はすべて、アメリカから教えてもらっていたのだと思う。その情報をもとに「ソ連の戦車はこうなんだ」、さらには「極東ソ連軍の部隊配置はこうだ」と分析、推論したうえで防衛計画を作っていたはずである。

その際、アメリカは「こんな情報を渡せば、陸上自衛隊はこんな風に考えて必ずこういうアウトプットを出す」という情報を精選して渡していたのではないか。

自前の情報は、自前の判断を生む。自前で情報が取れないということは、自らの国を守るために、独自の判断ができないということにほかならない。すなわち、独力ではけっして戦えない仕組みだったのだ。仮に自衛隊の情報関係者がアメリカからもらう情報は偏《かたよ》っているのではないか？　と思っていたとしても、検証することができないのだ。

本来の軍は、ＣＩＡのような政治的な情報収集活動ではなくて、万一の戦いに備えるために軍事情報の収集活動を必ず行なう。しかし、日本の自衛隊はそのような情報収集機能をほとんど持っていないために、アメリカから与えてもらうしかなかったというわけだ。

このように、自衛隊を作らざるを得ない状況になった際、「日本は信用できない国だから、独力では戦えなくしておこう」と考えたアメリカは、自分たちがもっとも重要だと考えている情報をコントロールすることで、陸上自衛隊をコントロールできるように設計したのではないかというのが、私の妄想に近い想像である。

そんな陸上自衛隊で、情報収集の方法で唯一の例外とも言えるものが電波傍受だった。現在は、防衛省情報本部電波部が担当しているが、昔は、陸幕調査部の下部組織の一つだった。

防衛省情報本部には電波傍受のために、先述した「象の檻」を持つ施設があって、それは、東千歳《ひがしちとせ》（北海道）、美保《みほ》（鳥取県）、喜界島《きかいじま》（鹿児島県）の三カ所にあり、ロシア、北朝鮮、中国等の軍用通信を傍受、分析していると公刊書籍等に書かれているので、知っている人もいるだろう。

わが国が、基本的にインテリジェンス機能を剝奪されていることを思い起こすと、唯一持っているこの情報収集機関を、日本が勝手に設置したとは考えにくい。アメリカが許しているから存在していると考えるのが自然だろう。それは日本を信頼して設置を許したというより、日本のその場所が、電波情報を収集するのに便利な場所だったからにすぎないのではないか。さらに言えば、アメリカの情報収集部門が撤収するときに、日本にそれを移管した可能性が高い。

ここで述べてきたことは、「アメリカによる初期設定がそうなっている」というだけで、「だから悪い」とか「あらためるべきだ」と主張しているわけではない。「初期設定を理解したうえで、現実に対して最善の方法をとるべきだ」と言いたいのである。

専門家を養成しにくい人事システム

ところで、私は陸上自衛隊で情報部門にいたことがある。そのときに感じていたことだが、人事異動が激しくてなかなか専門家が育たないところが、自衛隊の弱点の一つではないか。

たとえば、サイバー部隊の部下も、二年ほどコンピュータ・セキュリティの勉強をして、ようやくものになってきたところで転属していなくなってしまう。だから、いつまでも弱い集団のままなで、部隊の能力アップには時間がかかる。

定期的に人事異動をする肯定的な説明は、それによって組織が淀《よど》まないということだ。そしてもう一つ、自衛隊は戦闘集団だからつねに戦死の可能性がつきまとう。ある特別な能力を持った人を一〇年、二〇年かけて育てたとしても、その人が死んだ瞬間に誰も後を継げないというのでは組織としての瑕疵《かし》、欠陥だ。

だから将校には、あらゆる分野を経験させておいて、尖《とが》った能力はないかもしれないけれども、ある程度のことがわかっている人間を養成しておく。みんながそれなりの能力を持っていることで、一人、二人が死んでも、組織が一度に崩れることはないという考え方である。

ただ、これがインテリジェンスにとっても最適なのかというと疑問である。専門家の育成が難しいからだ。もしかすると、これもアメリカが仕掛けた安全装置の一つなのかもしれない。

カルタゴの運命に何を学ぶか

今から二二〇〇年ほど前、地中海世界の覇権を狙うローマと戦って敗れたカルタゴという国がある。戦争に負けたカルタゴは、無条件降伏をして武装解除をした。条約によって、自国を守るための必要最小限の軍備は認められたがそれ以外の軍備は撤廃された。その結果、カルタゴは北アフリカの経済国家として素晴らしく繁栄するのである。

しかし、その後のカルタゴの運命はどうなったか。

当時のローマは共和制である。市民が議論して政治を行なう。そんなローマには地中海世界のあちこちに同盟国ができた。「東にペルシャ人が侵入した」となると「よし、みんなで守ろう。同盟国、集まれ」と助けにいく。「北からゲルマン人が来た」「それはいけない、集まれ」と防衛する。

そんな中でカルタゴにも声がかかるのだが「私たちは武装放棄をしていて必要最小限の軍備しか持っていないので軍隊は出せません。お金だけ出します」と言って参戦しなかった。しばらくそれを続けていたのである。

ところがあるとき、ローマにカトーという政治家が現われた。議員だから国会で演説するのだが、彼はカルタゴが大嫌いで、農業の話だろうが税金の話だろうがどんな演説をしても、最後に「ところで諸君、カルタゴは滅ぼすべしだと私は思う」と言って演説を締めくくっていた。

最初は「カルタゴは同盟国じゃないか」「へんなオヤジがまた、馬鹿なことを言って」と誰も取り合わなかった。しかしそこは民主主義国家である。毎回毎回言っているうちに、そうかもしれないという雰囲気ができた。そのうちに「そういえば先日、パルティアが攻めてきたので軍隊を出した。君の息子も死んだのではなかったか？カルタゴ人は誰も死んでいないだろう」などと、尻馬に乗る人間も出てくる。

カトーが有名な「イチジク演説」を行なったのがそんなときだった。

「このイチジクを見たまえ。このうまいイチジクは、船で渡って三日の、対岸のカルタゴで採れたものだ。君たちの父親、息子、兄弟はこのあいだの戦争で大勢死んだ。だがカルタゴはその陰でのうのうと、こんなに経済的に繁栄しているのは卑怯だとは思わないかね」

この演説で、ローマ市民は「そうだよな」と怒り始めるのである。

カルタゴ政府は驚愕《きょうがく》した。戦争に負けて以来、半分属国となっていたカルタゴ政府は全員が親ローマ派である。「われわれはローマに逆らう意思はまったくありません」と弁明するのだが、ローマでは「カルタゴ、けしからん」と盛り上がっている。

要するにローマには内政的なさまざまな問題があって、それをすべてカルタゴに押しつけて、市民をまとめるという意図があった。国内問題で詰まってくると、外国を悪く言ってナショナリズムに火をつけるのは、今も昔も変わらない。

しかも経済国家・カルタゴは繁栄していて金を持っているものだから、ローマはカルタゴに対して無理難題を突きつけたのだ。

カルタゴは「わかりました。賠償金を払いましょう。お金を払えば許してくれますか」と返答するのだが、「ダメだ」と拒否されてしまった。

「わかりました。それではカルタゴの貴族の子弟三〇〇人も人質に出します。これで私たちが腹黒い計画を持っていないとわかってくれますか」と平身低頭する。それでもダメとなって、仕方がないのでわずかに残っていた自衛用の弓の弦《つる》をすべて切った。さらにカルタゴ国内の反ローマ派の有力者を全員逮捕して牢獄に入れた。

そこまで膝を屈したとき、ローマ軍はもうアフリカ大陸に上陸して進軍中だった。たちまちカルタゴは攻め込まれて、丘の上の首都はすっかり包囲されてしまった。ここに至って、これは戦わざるをえないとやっと気がついたのだが、もはや遅すぎた。

それでも三年間、籠城《ろうじょう》し、戦える者は最後のひとりまで戦ったというが陥落後に待っていたのは虐殺だった。生き残ったものは奴隷として売られた。カルタゴを占領したあと、ローマ人は木をすべて切り倒し、農園などもすべて潰して更地にした。のみならず、地面を固めて塩をまいた。植物が育たなくしたのである。将来、生き残った人たちが、祖国を再建しようと戻っても木が生えない。カルタゴはそこまで徹底的に地上から消されてしまったのだ。

二十世紀に、太平洋を挟んで戦い、アメリカに負けて平和国家となって経済的繁栄をするなど、カルタゴとよく似た運命をたどりつつあった日本だが、今はどうだろうか。経済国家として繁栄を謳歌《おうか》するばかりではダメだと、日本人は気がついたようでもある。アメリカによる初期設定もカルタゴとは違うはずだが、それでも気をつけていないと、カルタゴと同じ轍《てつ》を踏まないとも限らない。

というのも今、わが国を取り巻く状況は、かつての地中海世界よりもずっと複雑だからだ。国家と企業、あるいは個人や組織との関係、役割といったものも変化している。「イスラム国」のような、従来の概念では理解しにくい勢力の登場はその一例だ。民意や経済状況で、一国の姿勢は急激に変わる。インターネットによる情報のスピードが拍車をかける。

そんな混沌《こんとん》とした国際社会にあって、国民の安全を守ろうとするなら、日本はインテリジェンスを重視すべきだ。わけてもサイバー・インテリジェンスに力を注ぐべきだというのが、私の一貫した主張である。か弱いウサギがツメを研ぐのは、賢明とはいえない。

ウサギの最大の武器は、長い耳なのである。

切りとり線

★読者のみなさまにお願い

この本をお読みになって、どんな感想をお持ちでしょうか。祥伝社のホームページから書評をお送りいただけたら、ありがたく存じます。今後の企画の参考にさせていただきます。また、次ページの原稿用紙を切り取り、左記まで郵送していただいても結構です。

お寄せいただいた書評は、ご了解のうえ新聞・雑誌などを通じて紹介させていただくこともあります。採用の場合は、特製図書カードを差しあげます。

なお、ご記入いただいたお名前、ご住所、ご連絡先等は、書評紹介の事前了解、謝礼のお届け以外の目的で利用することはありません。また、それらの情報を6カ月を越えて保管することもありません。

〒101－8701（お手紙は郵便番号だけで届きます）
祥伝社新書編集部
電話03（3265）2310
祥伝社ホームページ　http://www.shodensha.co.jp/bookreview/

★本書の購買動機（新聞名か雑誌名、あるいは○をつけてください）

＿＿＿＿新聞の広告を見て	＿＿＿＿誌の広告を見て	＿＿＿＿新聞の書評を見て	＿＿＿＿誌の書評を見て	書店で見かけて	知人のすすめで

★100字書評……サイバー・インテリジェンス

名前

住所

年齢

職業

伊東寛　いとう・ひろし

株式会社ラック ナショナルセキュリティ研究所所長。工学博士。1980年、慶応義塾大学大学院（修士課程）修了。同年、陸上自衛隊入隊。以後、技術、情報及びシステム関係の部隊指揮官・幕僚等を歴任。陸自初のサイバー戦部隊であるシステム防護隊の初代隊長を務めた。2007年に退職後、株式会社シマンテック総合研究所主席アナリストなどを経て、2011年4月より現職。著書に『「第5の戦場」サイバー戦の脅威』がある。

サイバー・インテリジェンス

伊東寛《いとうひろし》

2015年 9月10日　初版第1刷発行

発行者……………………竹内和芳
発行所……………………祥伝社《しょうでんしゃ》
〒101-8701　東京都千代田区神田神保町3-3
電話　03(3265)2081(販売部)
電話　03(3265)2310(編集部)
電話　03(3265)3622(業務部)
ホームページ　http://www.shodensha.co.jp/

装丁者……………………盛川和洋
印刷所……………………萩原印刷
製本所……………………ナショナル製本

Printed in Japan　ISBN978-4-396-11434-3　C0231

〈祥伝社新書〉

中国・中国人のことをもっと知ろう

223

尖閣戦争
米中はさみ撃ちにあった日本

日米安保の虚をついて、中国は次も必ずやってくる。ここは日本の正念場。

西尾幹二　青木直人

301

第二次尖閣戦争

2年前の『尖閣戦争』で、今日の事態を予見した両者による対論、再び。

西尾幹二　青木直人

311

中国の情報機関
世界を席巻する特務工作

サイバーテロ、産業スパイ、情報剽窃——知られざる世界戦略の全貌。

情報史研究家　柏原竜一

317

中国の軍事力　日本の防衛力

「日本には絶対負けない」という、中国の自信はどこからくるのか?

評論家　杉山徹宗《かつみ》

327

誰も書かない　中国進出企業の非情なる現実

許認可権濫用、賄賂・カンパ強要、反日無罪、はたしてこれで儲かるのか。

青木直人

〈祥伝社新書〉
歴史から学ぶ

361
国家とエネルギーと戦争
日本はふたたび道を誤るのか。深い洞察から書かれた、警世の書！
渡部昇一

366
はじめて読む人のローマ史1200年
建国から西ローマ帝国の滅亡まで、この1冊でわかる！
早稲田大学特任教授
本村凌二

377
条約で読む日本の近現代史
開国以来、日本が締結した23の条約・同盟でたどる160年
藤岡信勝 編著
自由主義史観研究会

351
英国人記者が見た
連合国戦勝史観の虚妄
滞日50年のジャーナリストは、なぜ歴史観を変えたのか？　画期的な戦後論の誕生！
ジャーナリスト
ヘンリー・S・ストークス

379
国家の盛衰
3000年の歴史に学ぶ
覇権国家が入れ替わるのは、なぜか？　歴史に学べば日本の将来が見えてくる！
渡部昇一
本村凌二